FORSCHUNGSBERICHTE DES LANDES NORDRHEIN-WESTFALEN

Nr. 1428

Herausgegeben

im Auftrage des Ministerpräsidenten Dr. Franz Meyers

von Staatssekretär Professor Dr. h. c. Dr. E. h. Leo Brandt

DK 620.191.32
621–41 : 621.923.65

Prof. Dr.-Ing. Max Vater
Dipl.-Ing. Gerhard Nebe
Dipl.-Ing. Ansgar Schützа

Institut für Bildsame Formgebung
der Rhein.-Westf. Techn. Hochschule Aachen

Mechanische Entzunderung von Blechen und Bändern

WESTDEUTSCHER VERLAG · KÖLN UND OPLADEN 1965

ISBN 978-3-663-06381-0 ISBN 978-3-663-07294-2 (eBook)
DOI 10.1007/978-3-663-07294-2

Verlags-Nr. 011428

Gesamtherstellung: Westdeutscher Verlag

Inhalt

1. Vorwort

Die mechanische Entzunderung warm gewalzter Erzeugnisse mit Hilfe des Strahlverfahrens hat in den vergangenen Jahren immer mehr an Bedeutung gewonnen. Diese Entwicklung wurde durch das Inkrafttreten der Wasserwirtschaftsgesetze und -verordnungen [1] im Jahre 1960 beschleunigt. Diese gebieten, daß Beizabwässer so aufbereitet werden, daß keine sauren Chemikalien und Giftstoffe, die selbst in starker Verdünnung noch eine schädigende Wirkung auf Lebewesen haben, in die Wasserläufe abgeleitet werden. Durch die Aufbereitung oder Neutralisation der Beizsäuren verteuert sich der Beizvorgang erheblich, insbesondere, wenn die abgeschiedenen Eisensalze schlecht verkäuflich sind. Man ist deshalb bestrebt, das Beizen einzuschränken, durch eine mechanische Entzunderung zu ersetzen oder aber aus wirtschaftlichen Gründen beide Verfahren zu kombinieren, wie es in den USA seit langem praktiziert wird.
Bänder und Bleche haben den größten Anteil an der Halbzeugmenge, die vor der Weiterverarbeitung entzundert werden muß. Die Forschungsergebnisse, die in der vorliegenden Arbeit zusammengefaßt worden sind, wollen in erster Linie Grundlagen für die Strahlentzunderung von Warmband schaffen, das den Anforderungen gerecht wird, den die Kalt-Walzwerke daran stellen.

2. Mechanische und chemische Entzunderung

Für einen Vergleich beider Verfahren in technischer und wirtschaftlicher Hinsicht wird nur die mechanische Entzunderung durch Strahlen in Betracht gezogen, da nach dem derzeitigen Stand der Entwicklung nur dieses geeignet scheint, mit dem Beizen in Konkurrenz treten zu können, besonders wenn es um die Vorbereitung des Warmbandes zu einem nachfolgenden Kalt-Walzen geht.

Die Reinigung verzunderter und verrosteter Oberflächen mit Mineralsäuren ergibt eine saubere Oberfläche, aber die Verwertung oder Beseitigung der verbrauchten Beizsäure ist teuer.

Nachteilig gegenüber der Strahlentzunderung ist beim nassen Verfahren das Auftreten von Beizfehlern und eine geringe Änderung der Festigkeitseigenschaften des Walzgutes infolge der Diffusion von Wasserstoff in das Material. Unter Umständen stellen die Säuredämpfe eine arge Belästigung für die Arbeit in einer Beizerei dar.

Als trockenes Verfahren bietet sich das Strahlverfahren mit gewissen Vorteilen gegenüber der Beize an. Der Platzbedarf und die Anlagekosten sind weitaus geringer. Auch die Überwachung und Bedienung einer Strahlanlage ist einfacher als beispielsweise die einer kontinuierlichen Beize. Eine Strahlanlage ist immer einsatzbereit und verursacht bei Stillstand keine Kosten, während Beizbäder danach erst wieder erwärmt oder auf Temperatur gehalten werden müssen. Ferner sind die bei der Warmbandentzunderung auf mechanischem Wege auftretenden Eisenverluste geringer als beim Säurebeizen [2; 3]. Die Durchlaufgeschwindigkeit des Bandes beim Beizen ist unabhängig von der Bandbreite. Beim Strahlentzundern eines schmaleren Bandes kann sie durch Schwenken des Schleuderrades oder Verkürzen des Schleuderrad-Wagenhubes erhöht werden.

Nach P. U. Schmithals[1] wird die zur Entzunderung erforderliche Zeit auf etwa $^{1}/_{20}$ der für das Beizen notwendigen Zeit herabgesetzt (Abb. 1). Auch durch kurzzeitiges Vorstrahlen und anschließendes Beizen kann diese Zeit erheblich verkürzt werden. Wie aus Abb. 1 zu ersehen ist, wird nämlich die Hauptmenge des Zunders in sehr kurzer Zeit abgetragen. Nach Angaben von H. Höhle, H. Pannek und W. Brinker [4] kann nach vorheriger mechanischer Entzunderung die Beizzeit auf ein Drittel verkürzt werden.

Durch ein Vorstrahlen sollen nach A. Bovensmann [5] besonders bei Breitbandstraßen die Kosten wesentlich verringert werden. Nach demselben Verfasser [6] sinken die Ausgaben für die mechanische Entzunderung von Halbzeug auf 30–40% der Beizkosten. O. Peltzer stellte die Kosten für die Entzunderung von Platinen mittels zweier verschiedener Strahlanlagen sowie nach dem üblichen

[1] Persönliche Mitteilung.

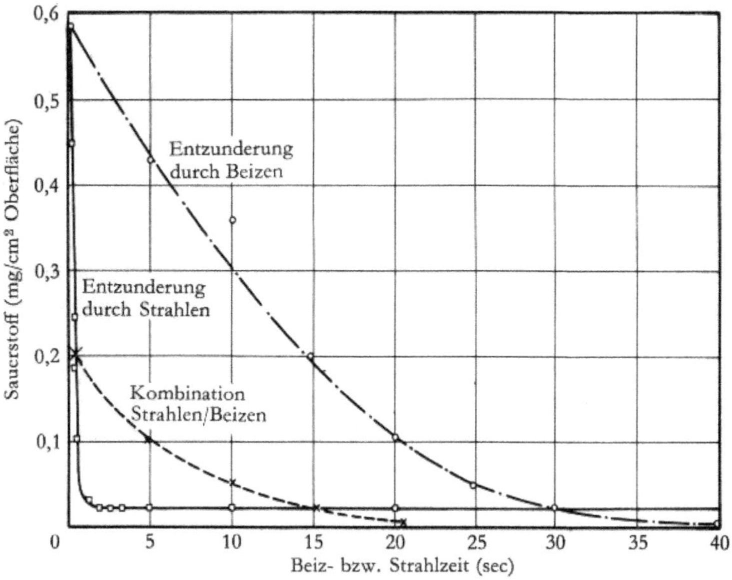

Abb. 1 Mechanische und chemische Entzunderung von Warmband
Werkstoff MR St VII 23
(persönliche Mitteilung P. U. SCHMITHALS)

Beizverfahren zusammen. Der Vergleich fällt zugunsten der mechanischen Entzunderung aus. Auf Grund der genannten Kostenaufstellung versucht der Verfasser, die Selbstkosten der mechanischen Entzunderung von Stabstahl zu errechnen [7]. Wirtschaftlichkeitsvergleiche zwischen Strahlen und Beizen fallen in der Literatur verschiedenartig aus [8], bedingt durch den Unterschied der verwendeten Strahlanlagen, der Strahlmittel und des Strahlgutes. In den USA wendet man oft Kurz- oder Blitzbeizen an, d. h., der Strahlanlage wird eine kleinere Beize nachgeordnet, die das Band schnell durchläuft. Die Oberfläche wird dadurch restlos sauber (s. auch Abb. 1), und der Säureverbrauch bleibt ebenso wie der Eisenverlust gering [4; 2]. Sobald aber eine Aufbereitungsanlage erforderlich wird, ist die Wirtschaftlichkeit dieser Arbeitsweise in Frage gestellt, weil die Aufbereitungskosten gegenüber denen einer Kontibeize mit großem Säureverbrauch u. U. nicht um so viel geringer sein werden, daß eine Kombination noch lohnend ist. Außerdem kommen in einer solchen Anlage die Vorteile der reinen Strahlentzunderung gegenüber der Beize nicht voll zum Tragen, da die Nachteile des Beizvorganges auch hier auftreten, wenn auch nicht in dem Maße wie beim rein kontinuierlichen Entzundern durch Beizen. Allgemein besteht heute wohl kein Zweifel mehr darüber, daß mechanische Entzunderung billiger ist als chemische; vor allem dann, wenn eine Aufbereitung der Absäure berücksichtigt ist.
Trotz der zahlreichen Vorteile des Strahlverfahrens gegenüber dem Beizen konnten sich bisher die meisten Betriebe nicht entschließen, die Entzunderung ihrer Walzerzeugnisse nach dem Strahlverfahren durchzuführen.

Die Möglichkeit der Kalt-Formgebung nach dem Strahlentzundern wurde von H. Höhle, H. Pannek und W. Brinker [4] untersucht. Trotz der nach Augenschein metallisch reinen Oberfläche der gestrahlten Bänder ergaben sich Schwierigkeiten [9; 10] dergestalt, daß beim Kalt-Walzen ein sogenannter »schwarzer Schmutz« auftritt, der Oberflächenaussehen und -beschaffenheit ungünstig beeinflußt und infolge erhöhter Reibung eine größere Walzkraft erfordert. Der »schwarze Schmutz« wirkt sich besonders störend bei schnellaufenden Umkehrgerüsten mit Emulsionskühlung aus. Die strahlenentzunderten Bänder können auf diesen Gerüsten nicht wie gebeizte Bänder verarbeitet werden, sondern müssen häufig mit zusätzlichen Stichen gewalzt werden. Die Beseitigung des »schwarzen Schmutzes« bereitet bisher trotz zahlreicher Bemühungen noch Schwierigkeiten. A. Esser und C. Poloczek [9] weisen auf die Möglichkeit hin, das Band nach dem Strahlen zu beizen, zu waschen, mit Ultraschall zu behandeln oder einer Glühbehandlung zu unterziehen. Mit Ultraschallanlagen, bei denen das Band eine gekühlte Lösung oder Emulsion von Inhibitoren und Netzmittel in Wasser durchläuft, die sowohl schmutzabführend wie auch als Schwingungsüberträger wirkt, lassen sich mit hohen Intensitäten und geeigneten Frequenzen selbst festhaftende Oberflächenverunreinigungen durch Kavitation ablösen. Die Anlage- und Energiekosten der Ultraschallanlagen sind hoch, geben jedoch die Sicherheit einer gleichmäßigen Schmutzentfernung. Sie verlangen eine exakte Bandführung und vor allem ein nicht zu unterschiedliches Erzeugungsprogramm. Preßwasserwäschen und Naßbürstverfahren tragen zwar den größten Teil des oberflächlichen Schmutzes und feine Materialteilchen ab, erzielen jedoch kein restlos befriedigendes Ergebnis. Die genannten Methoden der Nachbehandlung setzen aber die Wirtschaftlichkeit der Strahlentzunderung herab.

Die Oberflächenaufhärtung des Umformgutes hat eine geringe Erhöhung der Zugfestigkeit und der Streckgrenze sowie eine leichte Abnahme der Dehnung zur Folge [4]. Wieweit diese Eigenschaftsänderungen die Kalt-Verformung bei verschiedenen nachfolgenden Fertigungsverfahren beeinflussen, ist nicht bekanntgeworden; es ist aber anzunehmen, daß sie gegenüber den Auswirkungen des »schwarzen Schmutzes« gering sind. Im übrigen hängt es von der speziellen Weiterverarbeitung des Warm- oder Kaltbandes ab, ob die Aufrauhung und Kalt-Verfestigung der Oberfläche des Warmbandes infolge des Strahlentzunderns als Nachteil zu werten sind. In jedem Falle wird, besonders infolge der Aufrauhung beim anschließenden Kalt-Walzen, ein erhöhter Kraft- und Drehmomentbedarf in den ersten Stichen erforderlich, da diese beiden Größen sehr von der Reibung zwischen Walze und Walzgut abhängen [2; 11]. Die Entfernbarkeit des Zunders beim Beizen und Strahlen ist je nach Aufbau und Zusammensetzung [2] verschieden. Nach Cakenberghe, Halla und Ruston [12] sowie Dahl und Lueg [13] ist die Abkühlungsgeschwindigkeit des Stahles zwischen 700 und 300° C für die Zusammensetzung des Zunders aus verschiedenen Anteilen der Eisenoxyde maßgebend. Da die Betriebsbedingungen in den einzelnen Walzwerken unterschiedlich sind, ergeben sich demzufolge u. U. recht unterschiedlich aufgebaute und zusammengesetzte Zunderschichten, die evtl. auch verschiedene Dicke und Haftfähigkeit an der metallischen Stahloberfläche haben. Hier sei nur darauf hingewiesen, daß eine vorwiegend aus FeO aufgebaute Schicht beim Beizen wesentlich schneller entfernbar ist als die »Magnetit-Phase« [12] (Abb. 2). An späterer Stelle wird auf den Einfluß des Zunderaufbaues beim Strahlentzundern eingegangen werden.

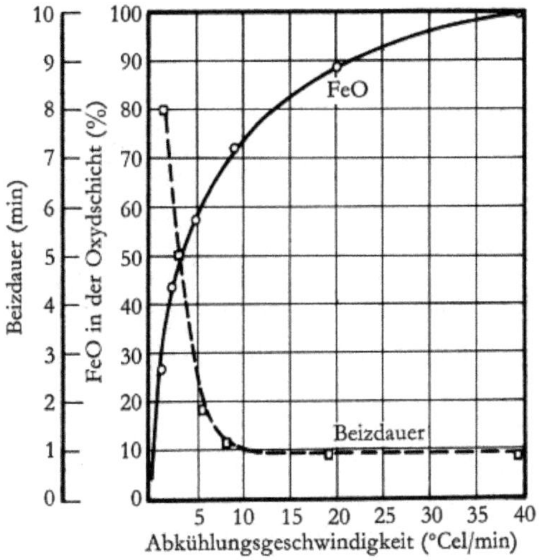

Abb. 2 Gehalt der Oxydschicht an FeO und Beizdauer in Abhängigkeit von der Abkühlungsgeschwindigkeit

3. Probleme beim Strahlen von Blechen und Bändern

Die vielfältigen Einflüsse auf den Aufbau des sich betrieblich bildenden Zunders sowie bei der Entfernung desselben durch das Strahlen, wie schon in den vorstehenden Abschnitten teilweise angedeutet, weisen bereits auf die Problematik der Untersuchungsmöglichkeiten hin, die zu ihrer Klärung notwendig sind. Die Betriebserfahrungen der Strahlverfahrenstechnik sind zwar recht umfangreich, jedoch fehlt es noch an systematischen Versuchen, um zu genaueren Kenntnissen zu gelangen. Vordringlich werden zunächst folgende Fragen gestellt:

> Welche Strahlmittelmenge ist zur vollständigen Entzunderung notwendig, wenn verschiedene Schleuderraddrehzahlen und Strahlmittel-Durchsätze eingestellt werden?
> Welche Nebenwirkungen, wie Aufhärtung, Aufrauhung und Materialabtragung stellen sich dabei ein?
> Wie werden die notwendige Strahlmittelmenge und die Nebenwirkungen durch verschiedene Zunderausbildungen beeinflußt?

Die Ergebnisse dieser Ermittlungen versprechen die Auffindung geeigneter Strahlbedingungen für verschiedene Entzunderungsaufgaben auch im Hinblick auf besondere Nachbehandlungen. Weniger optimistisch ist von vornherein das Problem der Vermeidung oder Entfernung des »schwarzen Schmutzes« vor dem Kalt-Walzen von Stählen mit niedrigen C-Gehalten. Es ist sehr fraglich, ob es gelingen wird, hierfür eine Lösung, d. h. geeignete Strahlbedingungen zu finden, bei denen der Belag überhaupt vermieden werden kann, so daß ein Nachbehandlungsverfahren entfallen würde. Anderenfalls müßte eine wirtschaftlich tragbare Methode zur Entfernung des »schwarzen Schmutzes« gesucht werden, falls die Strahlentzunderung verbreiteten Eingang in die Kalt-Walzbetriebe finden soll. Jedenfalls stellt dieser Belag nach dem heutigen Erkenntnisstand ein wesentliches wenn nicht *das* Hindernis zur Entfernung des Zunders nur durch Strahlen von Warmband für Kalt-Walzzwecke dar [4; 9; 10].

Durch eine Reihe von Untersuchungen wurde festgestellt, daß der »schwarze Schmutz« im Mittel etwa aus 97% metallischem Eisen, 0,9% FeO, 1,5% Fe_2O_3 und 0,15% C besteht. Auch über die Herkunft des Belags bestehen inzwischen keine Zweifel mehr: Zunderteilchen, die durch das Auftreffen des Strahlmittels in die Oberfläche eingeschlagen wurden, lösen sich beim Kalt-Verformen mit abgetragenem Werkstoff und Strahlmittelstaub und vermischen sich mit der Walzemulsion [4].

Neben der Aufgabe des Strahlens, die Zunderhaut zu entfernen, gewinnt es steigende Bedeutung zur Erzeugung geeigneter Oberflächen für eine anschließende Veredlung. Diese Vorbereitung wird meist mit »Rauhstrahlen« oder Dekapieren bezeichnet [14]. Unter Dekapieren ist allgemein die Aufrauhung einer metallisch reinen Oberfläche zur Erzielung einer guten Haftfestigkeit der aufzubringenden Deckschicht zu verstehen. Die Oberflächenveredlung kann erfolgen durch: Plattieren, Überziehen mit metallischen Schutzschichten durch Galvanisieren, Einbrennen, Spritzen und Eintauchen in Metallbäder, Emaillieren, Lackieren u. a. mehr.

Zum Begriff der Rauhtiefe muß grundsätzlich gesagt werden, daß die Rauhigkeit nicht die Form des Oberflächenprofils, also die Art der Erhebungen und Vertiefungen erklärt [15; 16]. Ein scharfkantiges Strahlmittel kann eine ebenso große Rauhtiefe hervorrufen wie ein kugeliges, ohne daß deshalb auch das Profil gleich sein muß. Mit einem einzigen Zahlenwert läßt sich die Profilgestalt nicht wiedergeben. Deshalb versuchte man, die Oberflächengestalt durch den Völligkeitsgrad k zu fassen, der das Verhältnis der mittleren Rauhtiefe R_m zur Rauhtiefe R angibt [17]. Der Völligkeitsgrad sagt aus, wie »völlig« der Abstand zwischen der Hüll- und Grundlinie des Profils mit Werkstoff ausgefüllt ist; er stellt ein Vergleichsmaß für verschiedene Oberflächengestalten dar. Ein Profil mit Rundkammform besitzt einen höheren Völligkeitsgrad als ein spitzkämmiges. Jedoch ist es durch die Art der zweidimensionalen Rauhigkeitsabmessung bedingt, daß auch diese Größe die tatsächliche Profilform nicht erfaßt. Aus diesem Grunde ist der Völligkeitsgrad in dem DIN-Blatt 4762 vom August 1962 nicht mehr enthalten. In dieser Norm ist weiterhin die mittlere Rautiefe nicht mehr aufgeführt; dafür wurde der »Mittenrauhwert R_a« neu definiert. Die Profilform kann nur durch mikroskopische Untersuchungen an Quer- und Längsschliffen oder an Profilschrieben ermittelt werden.

4. Versuchseinrichtung

4.1 Kammer-Strahlanlage

Alle nachfolgend beschriebenen Versuche wurden mit einer Anlage durchgeführt, wie sie im Prinzip auch in den Industriebetrieben Verwendung findet. Somit ist es möglich, von den Ergebnissen dieser Untersuchungen wenigstens qualitativ auf die tatsächlichen Betriebsverhältnisse zu schließen.
Die Strahlanlage (Bauart Vogel & Schemmann / Hagen-Kabel) arbeitet nach dem Prinzip des Schleuderstrahlens (Abb. 3). Das Strahlmittel erfährt eine Beschleunigung durch ein einseitig mit zwei Wurfschaufeln versehenes Schleuderrad, das von einem regelbaren Drehstrom-Nebenschlußmotor angetrieben wird ($N = 20$ kW; $n = 600$–2200 min^{-1}, stufenlos). Die Zuführung des Strahlmittels aus dem Vorratsbehälter erfolgt durch eine Lochblende und ein Fallrohr (Abb. 4). Mittels der Lochblende kann die Durchsatzmenge von 70 bis 250 kg · min^{-1} variiert werden. Das abgeschleuderte Strahlmittel trifft auf das Strahlgut in der Strahlkammer und fällt dann durch einen Siebboden, von wo aus es mit einem Becherwerk in den Vorratsbehälter zurückbefördert wird. Der abgeschlagene Zunder und der Staub werden durch einen Exhaustor aus der Anlage entfernt. Das Innere der Strahlkammer ist mit einem dicken Gummibelag ausgekleidet, um einen Verschleiß der Wände durch das auftreffende Strahlmittel zu verhindern. Die Strahlzeit kann variiert werden, und die Breite der gestrahlten Fläche ist etwa gleich der Wurfschaufelbreite. Um sie der jeweiligen durchlaufenden Bandbreite anpassen zu können, ist die Schleudervorrichtung auf einen Wagen montiert, der quer zur Band-Durchlaufrichtung hin- und herbewegt wird. Er wird durch eine Kurbel angetrieben, deren Hub verstellbar ist. Damit ist es möglich, die jeweilige Bandbreite optimal zu strahlen, ohne daß zuviel energetisch nicht ausgenutztes Strahlmittel an der Seite vorbeifällt. Die Eigenart der Geschwindigkeitsänderung beim Kurbelantrieb bringt es mit sich, daß die Bandkanten länger gestrahlt werden. Dies ist meistens vorteilhaft, da der Randzunder oft intensiver haftet und andererseits der Rand (z. B. bei der Herstellung geschweißter Rohre) besonders sauber sein soll.

4.2 Meßeinrichtungen

Zur Messung des Strahl-Auftreffwinkels und des Bedeckungsgrades sowie zur Festlegung der Strahlflächenbilder (nach DIN 8200) bei verschiedenen Versuchsbedingungen wurde in die Strahlkammer ein Meßtisch eingebaut, um daran

Abb. 3 Versuchsstrahlanlage des IBF (Außenstelle)
Bauart: Vogel & Schemmann

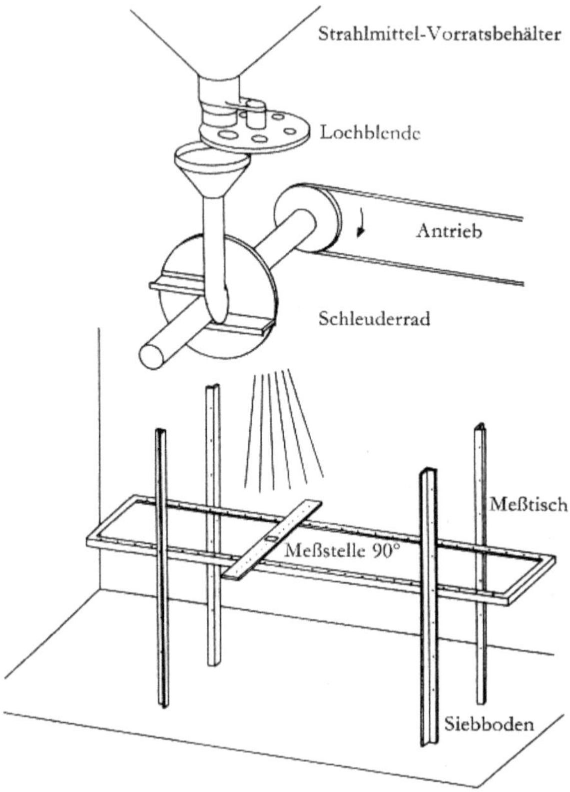

Abb. 4 Darstellung der Schleudervorrichtung mit Meßtisch

Proben und Meßeinrichtungen befestigen zu können (Abb. 4). Bei allen Versuchen an den Werkstoffen TU St 37, TU St 52, MR St VII 23 und MU St VII 23 betrug der Abstand der Meßfläche von der Schleuderradachse 695 mm [18].
Am Meßtisch wurden Markierungen angebracht, deren Lage und Bezeichnung aus Abb. 5 ersichtlich sind. Die genannten Versuche sind alle unter einem Strahl-Auftreffwinkel von 90° durchgeführt worden. Definiert ist der Strahlauftreffwinkel als der Winkel zwischen der Strahlrichtung (Hauptflugrichtung des Strahlmittels) und der Tangentialebene an das Strahlgut (nach DIN 8200). Es ist der Winkel α in Abb. 6. Die Messung des Strahl-Auftreffwinkels erfolgte mit der Vorrichtung, wie sie in Abb. 6 dargestellt ist. Die Grundplatte wurde mit schwarzer Tafelfarbe gestrichen und kurze Zeit dem Strahl ausgesetzt. Das Strahlmittel trägt die Farbe dort ab, wo es frei auftrifft, während es durch den Bügel aufgehalten wird, und der Anstrich darunter bleibt erhalten. Die Abgrenzung zwischen dem Farbstreifen und dem blanken Metall ist so scharf, daß die Strecke b in Abb. 6 gemessen werden kann. Mit Hilfe der Größe c läßt sich dann der Winkel α errechnen.

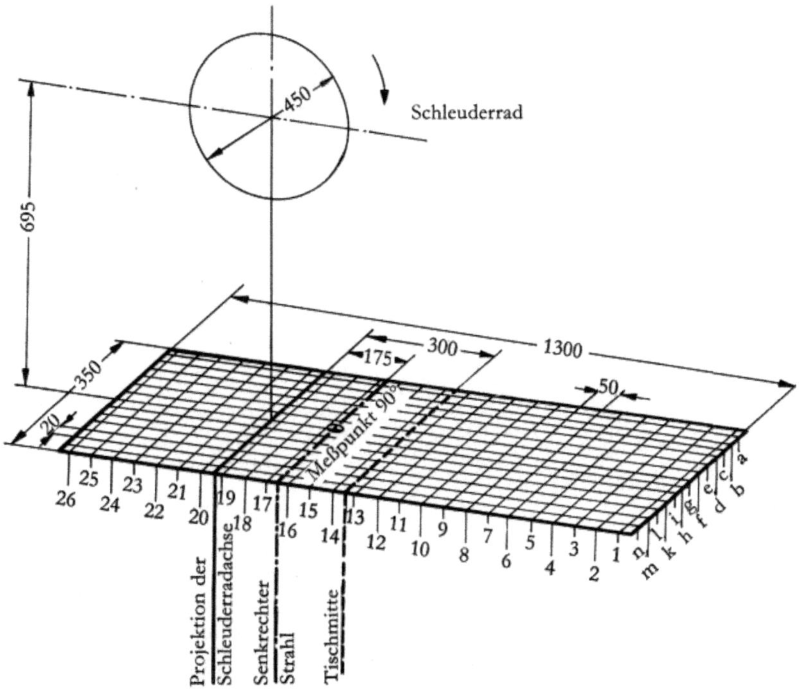

Abb. 5 Anordnung und Bezeichnung der Meßpunkte auf dem Meßtisch sowie dessen Lage zum Schleuderrad

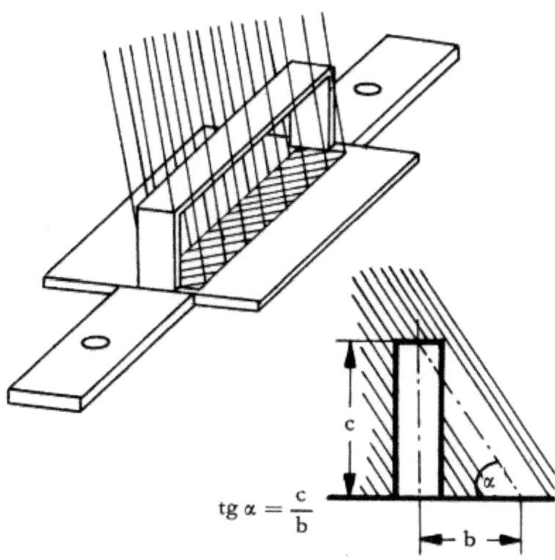

Abb. 6 Vorrichtung zur Bestimmung des Strahl-Auftreffwinkels

Um die Strahlmittelmenge zu ermitteln, die auf das Strahlgut trifft, wurde eine Vorrichtung gemäß Abb. 7 angewandt. Das Strahlmittel kann auf einer Meßfläche von 2,01 cm^2 in einem Behälter darunter aufgefangen und dann gewogen werden.

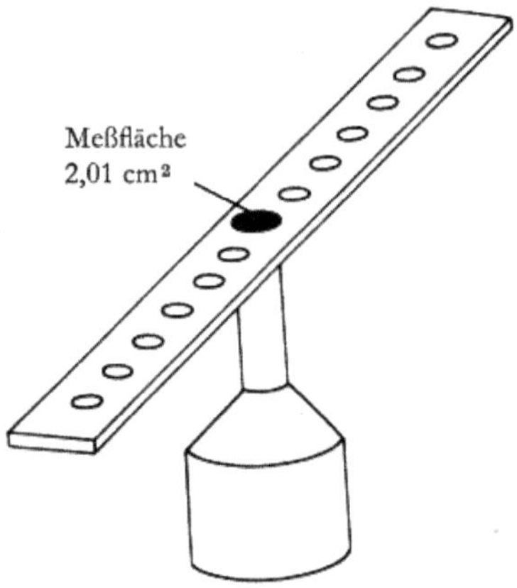

Abb. 7 Vorrichtung zur Messung des Bedeckungsgrades

Aus dem Gewicht und der Strahlzeit läßt sich berechnen, wie groß der Bedekkungsgrad (d. h. die je Zeit- und Flächeneinheit auf dem Strahlgut aufgetroffene Strahlmittelmenge) ist:

$$\text{Bedeckungsgrad} = \frac{\text{Strahlmittelmenge}}{\text{Meßfläche} \cdot \text{Strahlzeit}} \left(\frac{\text{g}}{\text{cm}^2 \cdot \text{min}}\right)$$

Alle Rauhigkeitsmessungen wurden mit einem »Perth-O-Meter« durchgeführt.

5. Versuchswerkstoffe

Die Versuche wurden mit einer Reihe von Warmbändern und Schiffsblechen verschiedener Qualitäten und Abmessungen durchgeführt, die mit Glüh- und Walzzunder von unterschiedlichem Aufbau behaftet waren. Im folgenden Abschnitt wird beschrieben, welche Einflußgrößen den Zunderaufbau verändern.
Zur Untersuchung gelangten zunächst zwei Thomasstähle mit verschiedenartigem Glühzunder (TU St 37 und TU St 52) und zwei tiefziehfähige Siemens-Martin-Warmbänder (MR St VII 23 und MU St VII 23) mit verschiedenartigem Walzzunder zur Bestimmung des Einflusses der Strahlbedingungen auf die Entzunderung, Aufhärtung, Aufrauhung und Materialabtragung [18]. In beiden Fällen hatten die Proben eine Dicke von 2,5 bis 3 mm, eine Breite von 20 mm und eine Länge von 40 mm.
Die Aufhärtung der gestrahlten Oberfläche wurde an 4, 5, 6, 8 und 10 mm dicken Schiffsblechen aus St 50 gemessen [19]. Ein niedrig gekohltes Warmband, 2 mm dick, in Siemens-Martin-Qualität wurde auf die Wirkung des »schwarzen Schmutzes« beim Kalt-Walzen untersucht. Ferner wurden an einem solchen Band Schrägstrahlungsversuche durchgeführt [19].
Zur Prüfung der Schweißbarkeit von strahlentzunderten Bändern vier verschiedener Qualitäten (niedrig gekohlte Stähle) und Abmessungen für die Herstellung geschweißter Rohre wurden einige Vorversuche gemacht [20].
Eine weitere Arbeit befaßte sich mit Rauhigkeitsmessungen an zwölf gestrahlten Warmbändern der Querschnittsabmessung 200×3 mm [21]. Im Zusammenhang mit Walzdruckkraftmessungen beim Kalt-Walzen wurden an mechanisch entzunderten und gebeizten Warmbandproben von Stahl St 37 ebenfalls Rauhigkeitsmessungen durchgeführt [11].

5.1 Zunderaufbau

Der an Stahl haftende Walz- und Glühzunder ist aus verschiedenen Eisenoxyden zusammengesetzt [18; 21; 22]. Bei Temperaturen oberhalb 575° C besteht die am »metallischen« Eisen liegende Schicht aus einer »FeO-Phase«, in die Fe_3O_4-Körner und Ferritkristalle eingebettet sind. Dieser sogenannte »Wüstit« ist nur bei höheren Temperaturen beständig; bei langsamem Abkühlen zerfällt er in Magnetit und Eisen nach: $4\,FeO \rightarrow Fe_3O_4 + Fe$; das Fe_3O_4 bildet dann nach außen hin die nächste Schicht. Durch Oxydation dieser Magnetschicht kann außerdem noch Fe_2O_3 entstehen, dessen Anteil jedoch so gering ist, daß er vernachlässigt werden darf. Wie bereits erwähnt [12; 13], ist für die Zusammensetzung

Zunderaufbau der vier verschiedenen Werkstoffe
(geätzt mit $SnCl_2$, 10%ig, alkohol.; 450 : 1)

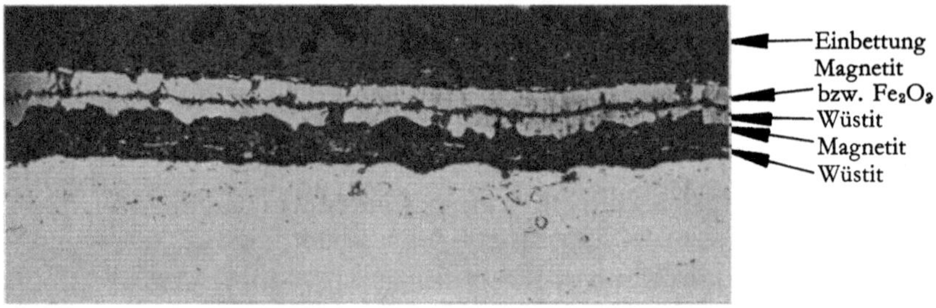

Abb. 8 Werkstoff TU St 37 (Glühzunder)

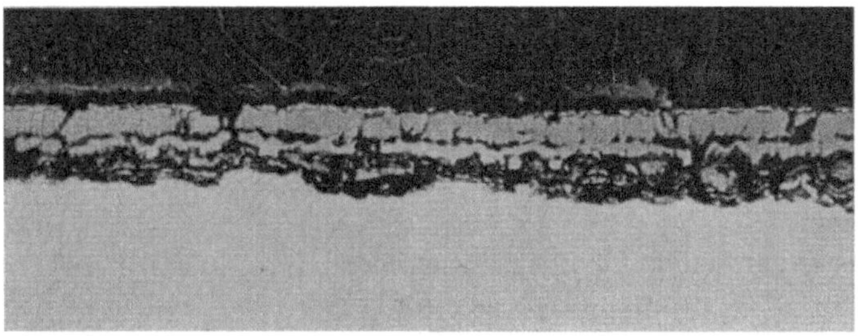

Abb. 9 Werkstoff TR St 52 (Glühzunder)

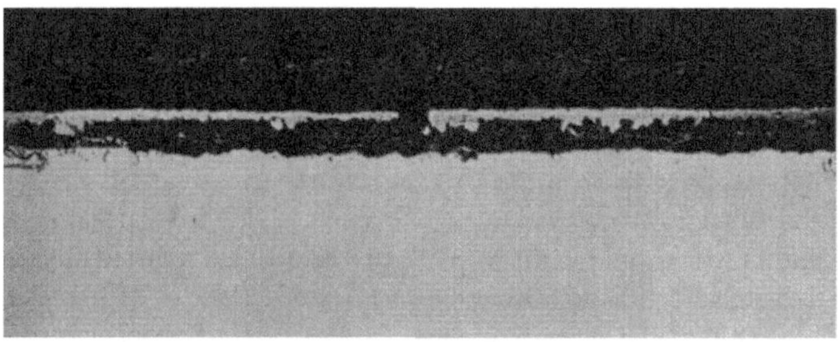

Abb. 10 Werkstoff MR St VII 23 (Walzzunder)

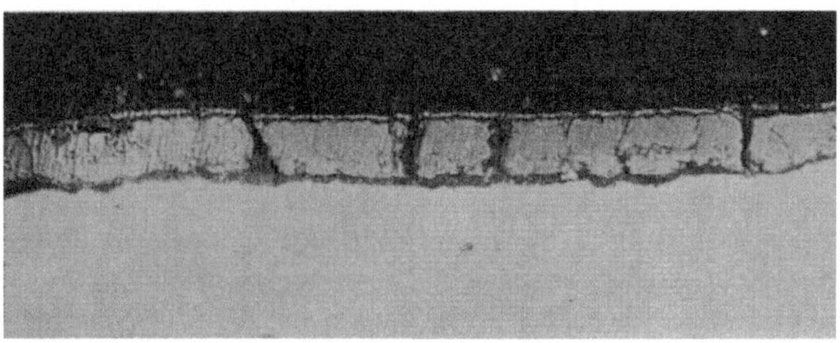

Abb. 11 Werkstoff MU St VII 23 (Walzzunder)

Unterschiedlicher Zunderaufbau an einem Warmband
600:1, geätzt, $SnCl_2$

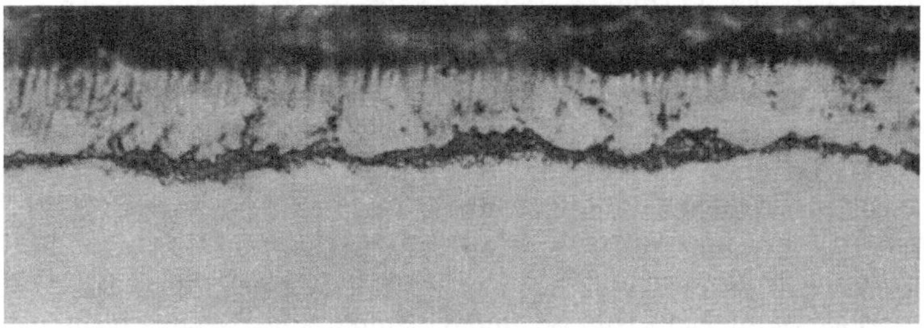
Abb. 12

Abb. 13

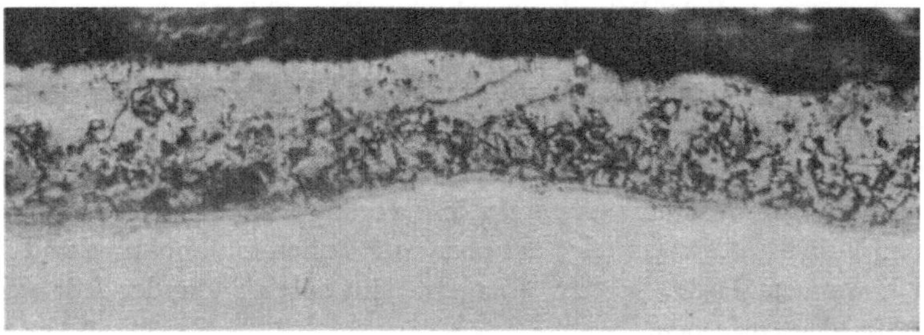
Abb. 14

der Zunderschicht die Abkühlungsgeschwindigkeit des Stahles zwischen 700 und 300° maßgebend. Bei hoher Abkühlungsgeschwindigkeit entsteht fast ausschließlich die »Wüstit-Phase«, bei langsamer dagegen die »Magnetit-Phase«.
Der Glühzunder auf den beiden Thomasstählen (Abschnitt 5) wurde durch 90minutiges Glühen bei 800°C und anschließender Abkühlung an Luft erzeugt [18]. Die beiden SM-Warmbandqualitäten mit Walzzunder und ähnlichen Festigkeitseigenschaften wie im Falle des Stahls TU St 37 unterscheiden sich wesentlich dadurch, daß ein Band beruhigt und das andere unberuhigt ist. Auf Grund dieser Tatsache ergeben sich verschiedene Zunderausbildungen. Das mit Aluminium beruhigte Material MR St VII 23 wurde nach dem Walzen stark abgeschreckt, um die Al-Nitride in Lösung zu halten, die ein sogenanntes »Pancake-Gefüge« mit verbesserten Tiefzieheigenschaften bedingen. Die Haspeltemperatur betrug 550°C gegenüber der Qualität MU St 23, die bei 690°C gehaspelt wurde. Das bedeutet eine größere Abkühlungsgeschwindigkeit des beruhigten Bandes nach dem letzten Walzstich, und nach Abb. 2 ist der Zunder dann wahrscheinlich hauptsächlich aus FeO aufgebaut. Ferner muß die langsamere Abkühlung des MU St VII 23

mehr Fe_3O_4 hervorrufen. Sie hat aber auch eine dickere Zunderschicht zur Folge, weil die Zeit zwischen dem letzten Walzstich und der Abkühlung länger ist und der Zunder dementsprechend länger »wachsen« kann. Noch dicker muß der Glühzunder infolge der Behandlung bei größerer Haltezeit und höherer Temperatur sein. Somit standen drei verschiedene Zunderaufbauten zur Verfügung [18].

Die angefertigten Zunderätzungen (Abb. 8–11) bestätigen die Überlegungen bei der Auswahl der Werkstoffe. Durch eine Ätzung in 10%iger alkoholischer $SnCl_2$-Lösung wurden die einzelnen Zunderschichten an den vier Werkstoffen: TU St 37, TR St 52, MR St VII 23 und MU St VII 23 sichtbar gemacht. Der untere, weiße Teil der Abbildungen ist jeweils der vom Ätzmittel unangegriffene Stahl; die dunkle Fläche oben ist die Einbettmasse, und die dunkel angeätzten Schichten des Zunders bestehen aus »Wüstit«, während die hellen Teile Fe_3O_4 bzw. Fe_2O_3 darstellen. Eine eindeutige Trennung der beiden letzten Komponenten ist auf diese Weise nicht möglich.

In den Abb. 12–20 wird gezeigt, wie unterschiedlich und in welcher Form der Walzzunder an einem Warmband einer Qualität beispielsweise aufgebaut sein kann. Die Querschliffe liegen, geätzt mit $SnCl_2$ zur Unterscheidung von FeO und Fe_3O_4, in 600facher Vergrößerung vor. Aus der Abb. 12 ist ersichtlich, daß am Zundergrund auf der metallischen Oberfläche eine geschlossene FeO-Schicht von geringer Dicke liegt, die ein festes Haften des Zunders bedingt und deshalb für das mechanische Entzundern nicht erwünscht ist. Die Abb. 13 dagegen zeigt einen Zunderaufbau, der gute Eigenschaften zum mechanischen Entzundern aufweist. FeO-Nester sind in die Hauptmasse von Fe_3O_4 eingebettet, die meist bis zum Zundergrund reicht, weshalb der Zunder schlecht haftet und wegen seiner Sprödigkeit leicht abspringt. Zunder in seiner häufigsten Ausbildung wurde in Abb. 14 festgehalten; am Zundergrund ein fein verteiltes Gemenge sämtlicher Komponenten, wobei FeO überwiegt, das aber nach außen hin abnimmt und in eine nahezu homogene Fe_3O_4-Schicht übergeht. Ein solcher Zunder läßt sich leicht durch Strahlen entfernen.

Zahlenmäßige Angaben über die mechanischen und technologischen Eigenschaften von Eisen-(II)-Oxyd und Eisen-(II, III)-Oxyd liegen im Schrifttum nicht vor. Eisen-(II, III)-Oxyd kristallisiert als Spinell, und für eine bildsame Verformung ist nur eine Zwillingsbildung in acht Ebenen möglich, während im Falle des Eisen-(II)-Oxyd mit einem kubisch-flächenzentrierten Gitter wesentlich mehr Translationssysteme zur Verfügung stehen, die auch größere bildsame Formänderungen zulassen. Dagegen wird sich Fe_3O_4 aus diesen Gründen bei hämmernder Beanspruchung spröder verhalten und leichter zerspringen [28].

Es ist einzusehen, daß sich beim Haspeln von Warmband zu Bunden infolge verschiedener Abkühlungsgeschwindigkeiten und hinzutretender Sauerstoffmengen an verschiedenen Teilen des Bandes verschiedenartiger Zunder ausbildet. So zeigen Aufnahmen von geätzten Querschliffen von Proben aus der Randzone des Bandes (Abb. 15) weniger FeO als solche vom Übergang (Abb. 16) oder der Mitte des Bandes (Abb. 17). Desgleichen ist das Zunderbild am Anfang des Bundes bzw. Ringes (Abb. 18) von dem in der Mitte (Abb. 19) und am Rand (Abb. 20) verschieden.

Unterschiedlicher Zunderaufbau an einem Warmband
600:1, geätzt, $SnCl_2$

Abb. 15
Rand

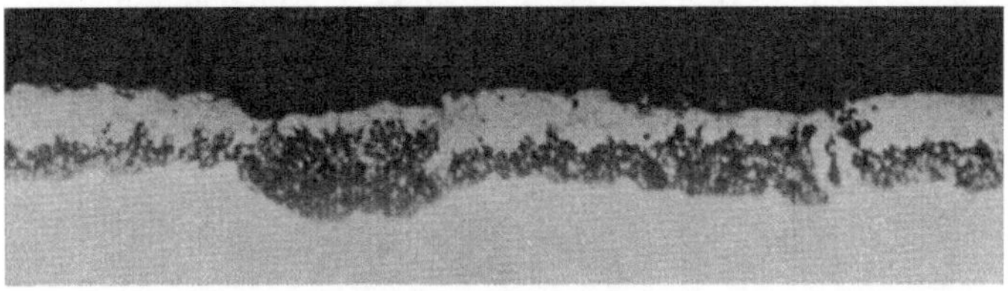
Abb. 16
Übergang

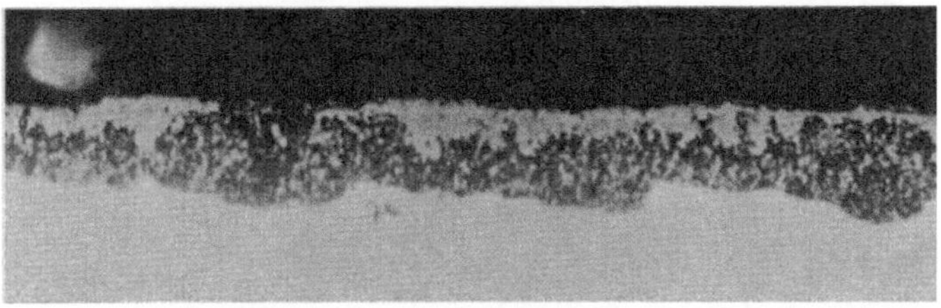
Abb. 17
Mitte

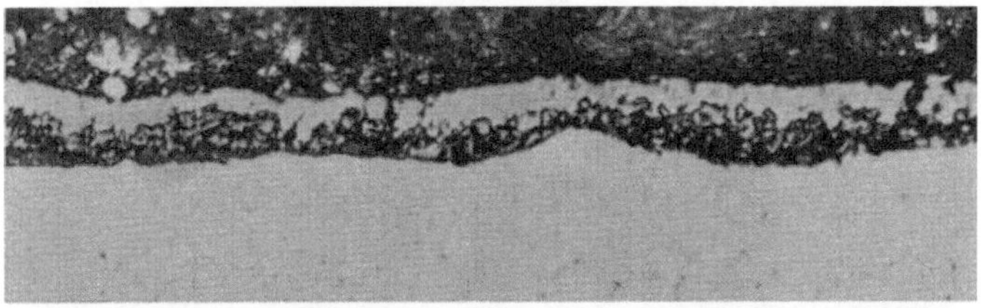
Abb. 18
Zunderaufbau am Ringanfang

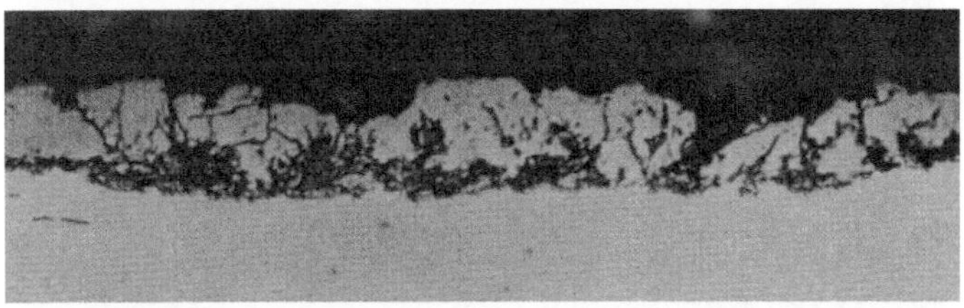
Abb. 19
Zunderaufbau in der Ringmitte (Bandkante)

Abb. 20
Zunderaufbau am Ringende

Eine röntgenographische und chemische Analyse der in der Arbeit [19] untersuchten Bänder ergab folgendes: Abgesprengter und gemörserter Zunder wurde in einer Debye-Scherrer-Kamera (57,3 mm ⌀) mit FeKα-Strahlung bei 30 kV und 12 mA untersucht, die nach Durchgang durch ein Mn-Filter 1,936 Å Wellenlänge aufweist. Die Beugungsbilder wurden mit Eichaufnahmen von Fe, Fe_3O_4 und Fe_2O_3 verglichen. FeO mußte kristallographisch identifiziert werden, da keine reinen Vergleichsproben herstellbar sind. Neben der Hauptmenge an Fe_3O_4 wurden Fe_2O_3 und FeO in geringer Menge sowie FeS, MnO_2 und α-Fe gefunden.

Die chemische Zunderanalyse ergab 75,5% Fe, 0,26% Mn und 0,022% S.

6. Versuchsbedingungen

Es erscheint angebracht, die Versuchsbedingungen kurz zusammenzufassen, die bei den Einzeluntersuchungen vorlagen. Besondere Abweichungen werden in wenigen Fällen bei der Erörterung der Versuche angegeben.

6.1 Strahlmittel

Der größte und wesentliche Teil der Untersuchungen wurde mit Stahldrahtkorn von 0,4 mm Durchmesser und einer Ausgangsfestigkeit des Drahtes von 160 bis 180 kg/mm^2, entsprechend einer Härte von etwa HV 450 bis 550, durchgeführt. Lediglich einige Proben wurden zur Bestimmung der Almenintensität (ein Maß für die Hämmerwirkung des Strahlmittels) und der Rauhtiefe mit Stahldrahtkorn von 0,4, 0,6 und 0,9 mm sowie mit Kies K 13 gestrahlt [20]. Kies K 13 ist ein Hartgußgranulat mit einer Korngröße von 1,25 bis 1,5 mm.

6.2 Schleuderrad-Drehzahlen

Die Versuche [18] zur Bestimmung des Einflusses der Strahlbedingungen auf die Entzunderung, Aufhärtung, Aufrauhung und Materialabtragung erfolgten bei Schleuderraddrehzahlen von 900, 1300, 1700 und 2100 min^{-1}, entsprechend den Umfangsgeschwindigkeiten von 21,2; 30,6; 40,0 und 49,5 m/s bei einem Durchmesser des Schleuderrades von d = 450 mm. Bei Schrägstrahlversuchen [19] wurde eine Schleuderrad-Drehzahl von 2200 min^{-1} angewendet.
Die entsprechenden Durchlaufgeschwindigkeiten der Bänder werden im Zusammenhang mit der Darlegung der Einzelversuche angegeben.
Bei der Untersuchung der Almenintensität und Rauhtiefe [20] wurden Schleuderrad-Drehzahlen von 600, 1000, 1400, 1800 und 2200 min^{-1} angewandt. In der gleichen Arbeit wurde die Verschweißbarkeit von mechanisch entzundertem Warmband für die Rohrherstellung unter Anwendung einer Schleuderrad-Drehzahl von 1800 und 2200 min^{-1} untersucht.
Die Aufnahme von Strahlflächenbildern [23] erfolgte bei Schleuderrad-Drehzahlen von 1300, 1700 und 2100 min^{-1}.

6.3 Strahlmittel-Durchsatz

Die Entzunderung, Aufhärtung, Aufrauhung und Materialabtragung beim Strahlen [18] wurde bei Strahlmitteldurchsätzen von 70, 110, 170 und 250 kg/min geprüft. Mit einem mittleren Strahlmittel-Durchsatz von 130 kg/min wurden Schrägstrahlversuche [19] angestellt. Almenintensität und Rauhtiefe wurden bei Durchsätzen von 70, 130 und 250 kg/min ermittelt [20] und die Verschweißbarkeit von mechanisch entzundertem Warmband für die Rohrherstellung mit solchen von 170, 175 und 250 kg/min.
Strahlflächenbilder wurden bei Strahlmittel-Durchsätzen von 70, 130 und 250 kg/min aufgenommen [23].

6.4 Strahl-Einwirkdauer

Auch hierbei seien die Bedingungen, die bei den Einzelversuchen vorlagen, nur kurz erwähnt. Meistens wurden bei den Untersuchungen [18] die Strahlzeiten so gewählt, daß das Band gerade »vollständig entzundert« war. Eingeschlagener Zunder ist in dieser Bezeichnung nicht berücksichtigt, da er sich durch weiteres Strahlen doch nicht entfernen läßt. Dennoch ist dieser Zustand bei der mechanischen Strahlentzunderung allein sinnvoll und wirtschaftlich. Ein Strahlen über diesen Zeitpunkt hinaus ist nicht zweckmäßig und ruft unerwünschte Erscheinungen an der Strahlgut-Oberfläche hervor. Bei der Untersuchung der Abhängigkeit der Oberflächenausbildung des Strahlgutes von der Strahlzeit wurden unverzunderte Bänder [18] Strahlzeiten von 1, 2, 4, 8, 16, 32, 64, 128 und 250 sec ausgesetzt. Es bleibt zu beachten, daß durch Veränderung der Schleuderrad-Drehzahlen, des Strahlmittel-Durchsatzes und der Strahlzeiten sich unterschiedliche Bedeckungsgrade ergaben.
Die Durchlaufgeschwindigkeiten, die beim Strahlen von langen, gehaspelten Bändern verwendet wurden, sind bei der Erörterung der Einzelversuchsergebnisse angegeben.
Bei Schrägstrahlversuchen mit verschiedenen Strahlwinkeln [19] wurde 60 und 120 sec lang gestrahlt.
Almenintensität und Rauhtiefe wurden an einer Reihe von Proben nach einer Strahlzeit von 15 sec ermittelt [20].
Die Aufnahme von Strahlflächen-Bildern erfolgte nach zweckmäßigen Strahlzeiten von 5 und 15 sec [23].

6.5 Strahlflächenbild

Das Strahlmittel trifft infolge der Beschleunigung durch die Wurfschaufeln des Schleuderrades in charakteristischer Weise auf das Strahlgut und erzeugt auf diesem ein sogenanntes Strahlflächenbild (nach DIN 8200). Man versteht darunter die Abbildung des Strahles in der Strahlgutebene quer zur Strahlrichtung. Die genaue Kenntnis der Lage des Strahles in der Strahlkammer ist für ein wirtschaftliches und zweckmäßiges Arbeiten im Strahlverfahren erforderlich. Der Strahl muß mit dem vorgesehenen Bedeckungsgrad auf die gewünschte Stelle treffen und darf zur Vermeidung eines übermäßigen Verschleißes der Kammerwände nicht zu stark streuen. Ein gut auswertbares Strahlflächenbild erhält man auf folgende Weise:

Ein schwarz gestrichenes Blech (nicht unter 3 mm Dicke) wird an Stelle des Strahlgutes unter das Schleuderrad gelegt und kurze Zeit gestrahlt. Die Farbschicht wird in einer »ovalförmigen« Zone entfernt, woran man die Lage und Ausdehnung des Strahlquerschnittes in der Strahlgutebene erkennt.

Auf diese Weise wurden die in den Abb. 21–24 gezeigten Strahlflächenbilder mit den Strahlbedingungen der Versuche [18] hergestellt. Die linke, durchgezogene Linie ist die Projektion der in einem Abstand von 695 mm darüber befindlichen Schleuderradachse auf die Strahlgutebene; die rechte, gestrichelte Linie deutet die Tischmitte an (s. auch Abb. 5), und die strichpunktierte Mittellinie kennzeichnet die Stelle, an der das Strahlmittel senkrecht auftrifft. Der Pfeil gibt die Drehrichtung des Schleuderrades an.

Die Aufnahmen (Abb. 21–24) zeigen, daß sowohl die Umfangsgeschwindigkeit des Schleuderrades als auch der Strahlmittel-Durchsatz die Lage und Form des Strahlflächenbildes beeinflussen. Seine größte Ausdehnung erhält es im Falle der angegebenen Versuche bei der größten Umfangsgeschwindigkeit des Schleuderrades von 49,5 m/s und dem höchsten Durchsatz von 250 kg/min. Mit der Verringerung des Durchsatzes wird die gestrahlte Fläche kleiner; gleichzeitig verschiebt sich der Schwerpunkt der Bilder mehr zur Tischmitte hin.

Auch bei niedrigerer Drehzahl des Schleuderrades nimmt die Größe der Strahlfläche ab und verlagert sich dabei in Richtung der Projektion der Schleuderradachse. Das kann dazu führen, daß der Strahl sich weiter verschiebt und die Kammerwand trifft (Abb. 23, oben).

Die Helligkeitsstufen in den Bildern zeigen, daß der Strahl unterschiedliche Dichte aufweist. Eine quantitative Aussage ist mit Hilfe dieser Bilder jedoch nicht möglich. Hierzu ist es erforderlich, den Bedeckungsgrad an jeder Stelle der Fläche zu messen. Solche Ermittlungen wurden angestellt [23]. Die Abb. 25 verdeutlicht, wie unterschiedlich die Dichte des Strahles sein kann. Die einzelnen Zonen werden durch Linien gleichen Bedeckungsgrades gekennzeichnet.

Eine geringe Verlagerung des Strahles durch Verändern der Strahlbedingungen kann eine große örtliche Änderung des Bedeckungsgrades nach sich ziehen.

Weitere Untersuchungen [23] hatten die Ermittlung von Strahlflächenbildern zum Gegenstand. Es zeigte sich ebenfalls eine Vergrößerung des Strahlflächenbildes mit steigender Schleuderrad-Drehzahl und Durchsatzmenge (Abb. 26–29).

Auch der Wurfschaufelverschleiß kann sich erheblich auf die Ausbildung und Lage des Bildes auswirken (Abb. 30). Die Versuche, deren Ergebnisse die Abb. 26–29 wiedergeben, wurden mit neuen, d. h. geschliffenen Schaufeln durchgeführt.

Strahlflächenbilder bei verschiedenen Umfangsgeschwindigkeiten des Schleuderrades und Strahlmittel-Durchsätzen

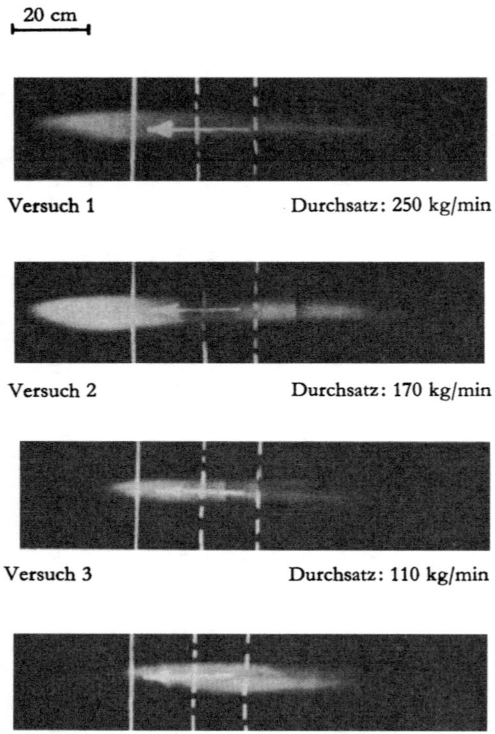

Versuch 1 Durchsatz: 250 kg/min

Versuch 2 Durchsatz: 170 kg/min

Versuch 3 Durchsatz: 110 kg/min

Versuch 4 Durchsatz: 70 kg/min

Abb. 21 Umfangsgeschwindigkeit des Schleuderrades: 49,5 m/sec

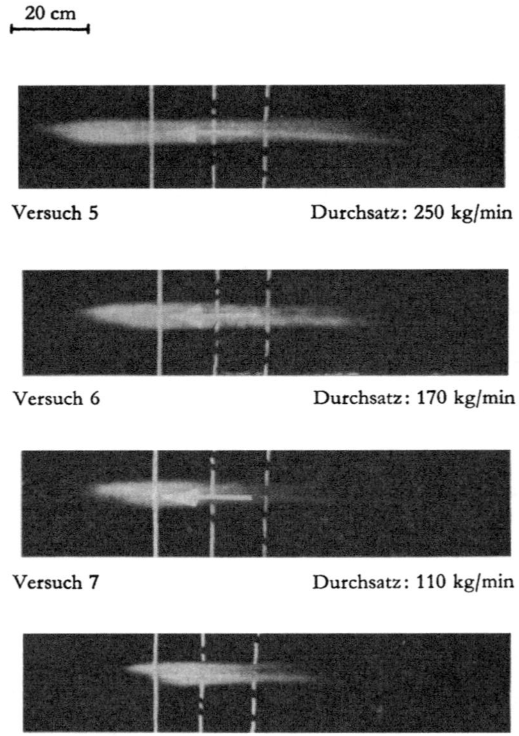

Versuch 5 Durchsatz: 250 kg/min

Versuch 6 Durchsatz: 170 kg/min

Versuch 7 Durchsatz: 110 kg/min

Versuch 8 Durchsatz: 70 kg/min

Abb. 22 Umfangsgeschwindigkeit des Schleuderrades: 40,0 m/sec

20 cm

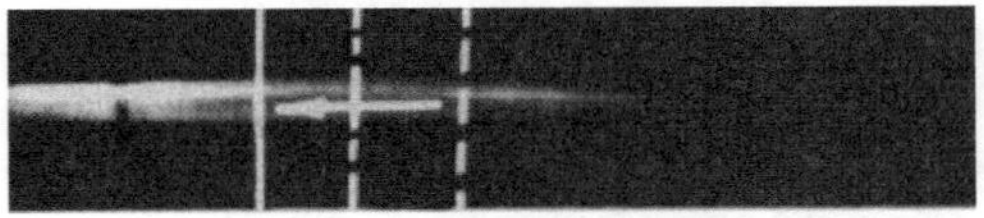

Versuch 9 Durchsatz: 250 kg/min

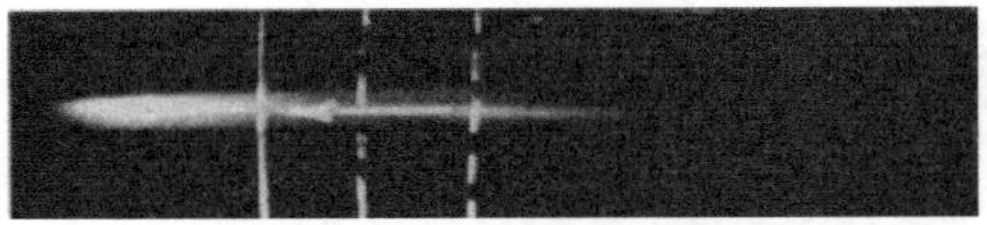

Versuch 10 Durchsatz: 170 kg/min

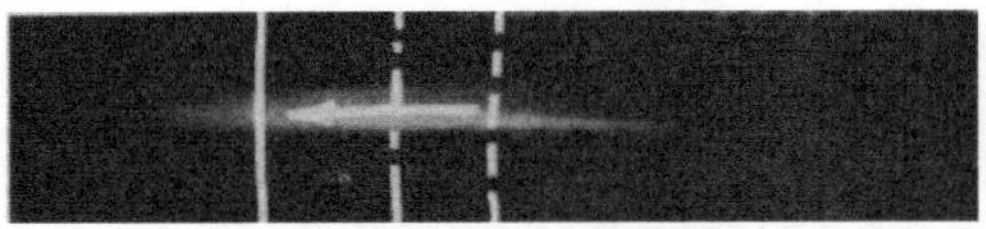

Versuch 11 Durchsatz: 110 kg/min

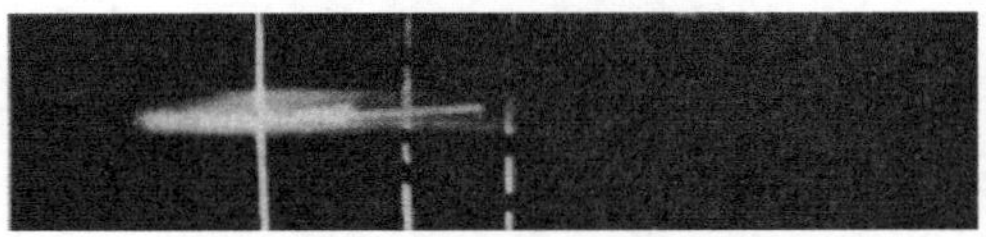

Versuch 12 Durchsatz: 70 kg/min

Abb. 23 Umfangsgeschwindigkeit des Schleuderrades: 30,6 m/sec

20 cm

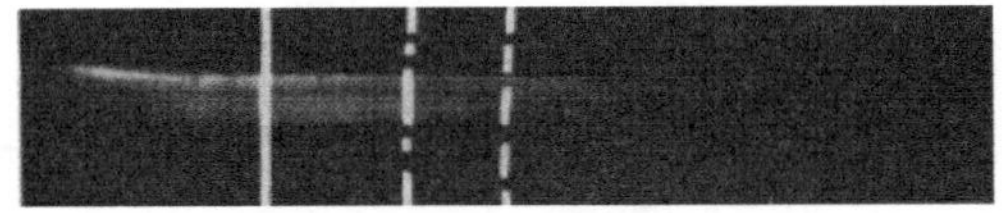

Versuch 13 Durchsatz: 250 kg/min

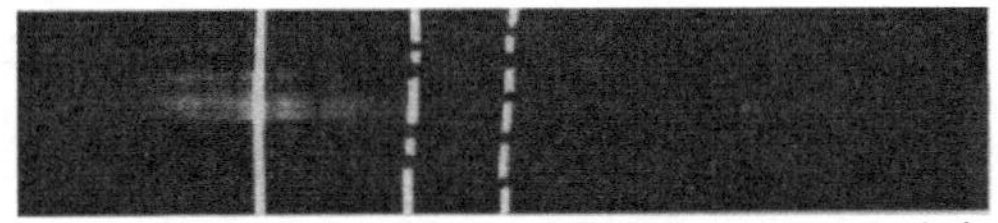

Versuch 14 Durchsatz: 170 kg/min

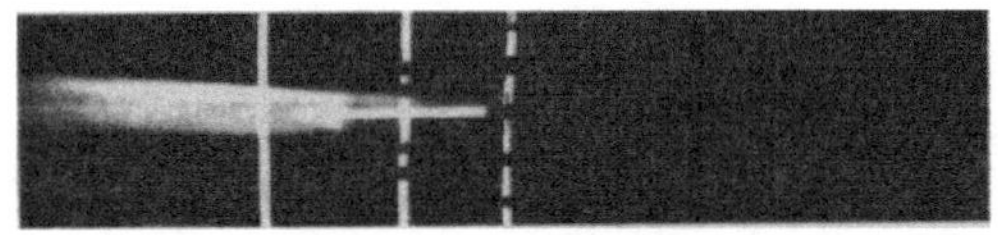

Versuch 15 Durchsatz: 110 kg/min

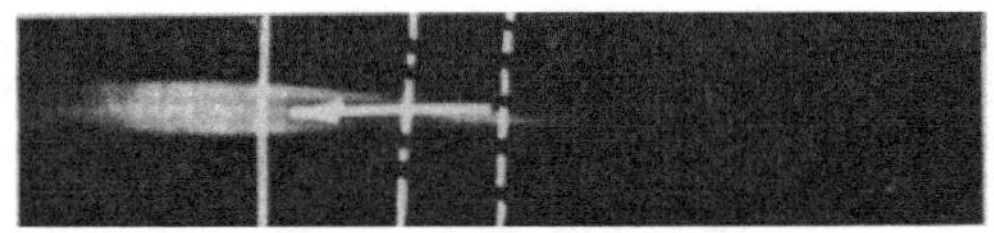

Versuch 16 Durchsatz: 70 kg/min

Abb. 24 Umfangsgeschwindigkeit des Schleuderrades: 21,2 m/sec

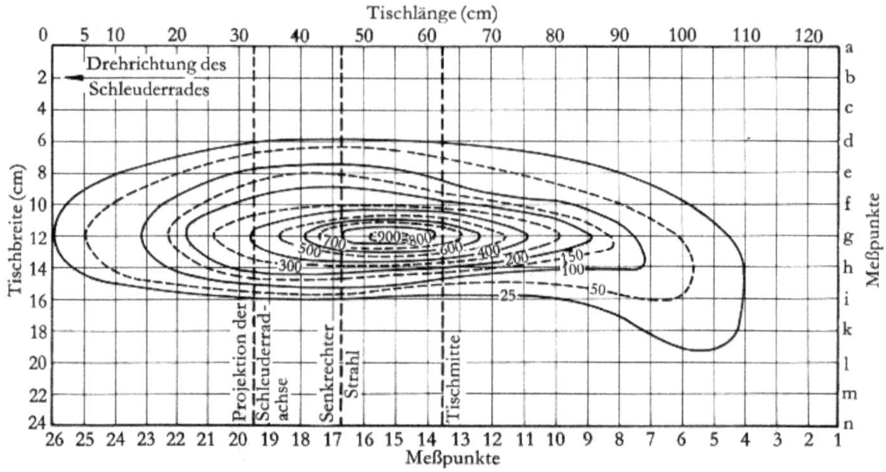

Abb. 25 Strahlmittelverteilung im Strahlflächenbild, gemessen durch den Bedeckungsgrad (g/cm² · min); nach P. Peetz

Umfangsgeschwindigkeit des Schleuderrades:	40,0	[m/s]
Strahlmittel-Durchsatz:	130	[kg/min]
Abstand Schleuderradachse–Meßebene:	695	[mm]
Strahlzeit:	15	[sec]

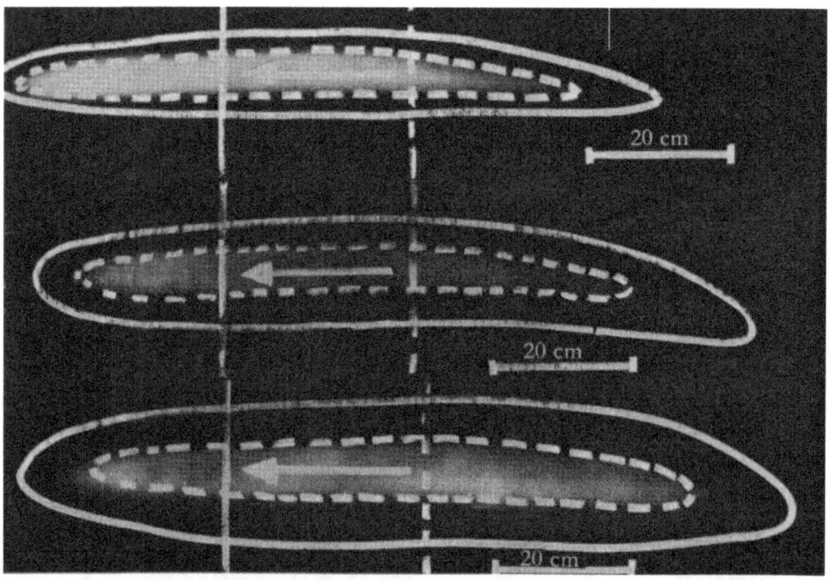

a)

b)

c)

Abb. 26 Strahlflächenbilder bei drei verschiedenen Drehzahlen und konstantem Durchsatz von 70 kg/min

a) $n = 1300\ \text{min}^{-1}$

b) $n = 1700\ \text{min}^{-1}$

c) $n = 2100\ \text{min}^{-1}$

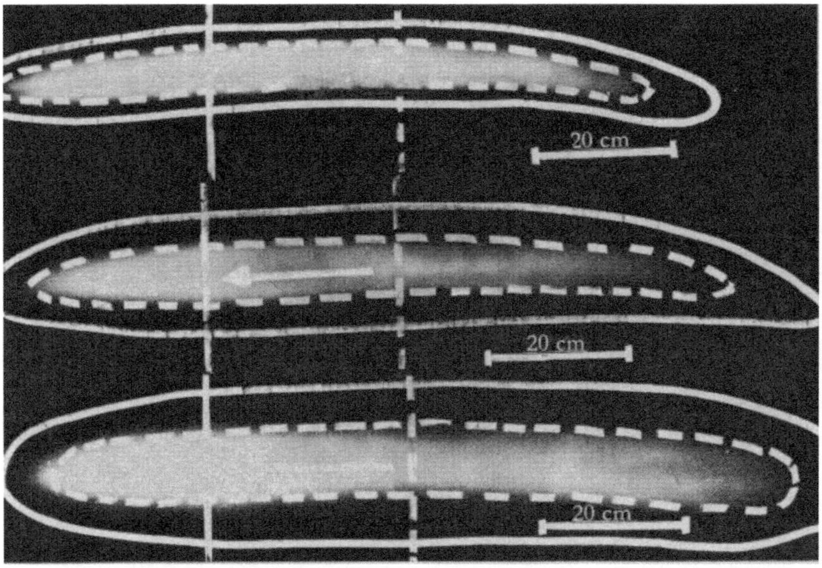

a)

b)

c)

Abb. 27 Strahlflächenbilder bei drei verschiedenen Drehzahlen und konstantem Durchsatz von 130 kg/min
a) $n = 1300\ min^{-1}$ b) $n = 1700\ min^{-1}$ c) $n = 2100\ min^{-1}$

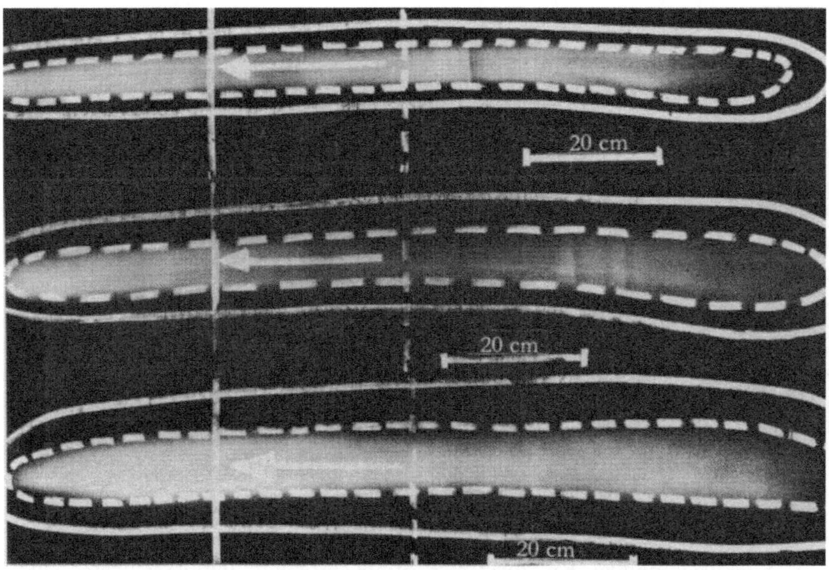

a)

b)

c)

Abb. 28 Strahlflächenbilder bei drei verschiedenen Drehzahlen und konstantem Durchsatz von 250 kg/min
a) $n = 1300\ min^{-1}$ b) $n = 1700\ min^{-1}$ c) $n = 2100\ min^{-1}$

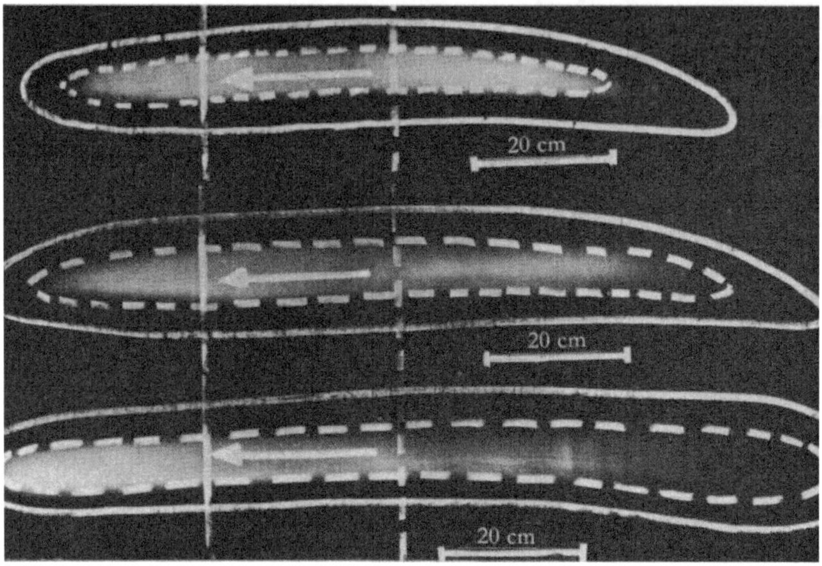

a)
b)
c)

Abb. 29 Strahlflächenbilder bei drei verschiedenen Durchsätzen und konstanter Drehzahl von 1700 min^{-1}

a) 70 kg/min
b) 130 kg/min
c) 250 kg/min

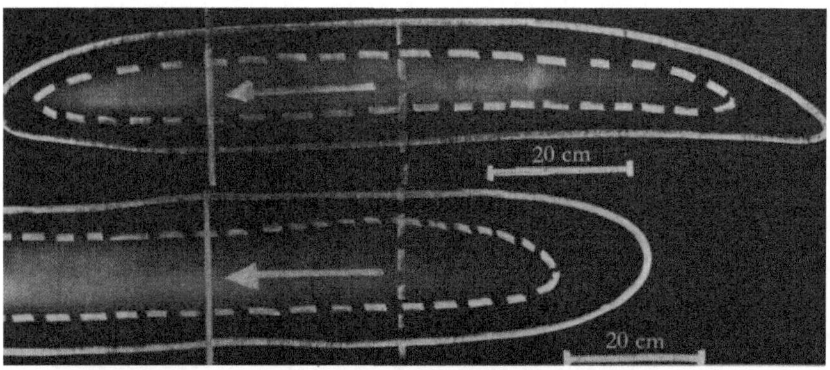

a)
b)

Abb. 30 Strahlflächenbilder bei konstanter Strahleinstellung mit gebrauchten und neuen Wurfschaufeln

a) neue Schaufeln b) gebrauchte Schaufeln
$n = 1700\ min^{-1}$ 130 kg/min Strahlmitteldurchsatz

7. Einfluß der Strahlbedingungen auf das Strahlgut

7.1 Einfluß der Strahlbedingungen auf die Entzunderung

Die Entfernbarkeit des Zunders steht natürlich im Vordergrund der gesamten Problemstellung. Die Hauptuntersuchungen [18] in dieser Richtung wurden an vier in Abschnitt 5 genannten Werkstoffen vorgenommen. Dabei wurde nach folgender Methode verfahren:

Die Probe wurde 1 sec lang gestrahlt und dann mit einer solchen aus dem gleichen Material verglichen, die vorher zunderfrei und ebenso lange gestrahlt war wie die zu untersuchende Probe. Dann wurden beide Proben gemeinsam jeweils 1 sec lang weiter gestrahlt und zwischendurch miteinander verglichen, bis kein Unterschied in ihrem Glanz bzw. ihren Grautönen mehr festzustellen war. Die Richtigkeit dieses Vorgehens bestätigte sich durch Beobachtungen unter dem Mikroskop. Alle Ergebnisse dieser Versuche sind in den Abb. 31–36 zusammengestellt worden. Es wurde zunächst für alle vier Werkstoffe die zur vollständigen Entzunderung notwendige Strahlzeit in Abhängigkeit vom Bedeckungsgrad bei vier Umfangsgeschwindigkeiten des Schleuderrades aufgetragen. Dabei zeigte sich erwartungsgemäß, daß der Glühzunder weitaus schwieriger entfernbar ist als der Walzzunder. Ein Unterschied zwischen der Entzunderungszeit der mit Zunder behafteten Thomasstähle konnte nicht festgestellt werden; ebenso nicht an den SM-Proben mit Walzzunder. Während die Kurven für die Proben mit Glühzunder mit kleiner werdendem Bedeckungsgrad stark ansteigen, verlängert sich die Strahlzeit im Falle des Walzzunders bei kleinen Bedeckungsgraden nur geringfügig.

Die Abb. 35 und 36 geben die Abhängigkeit der zur Entzunderung erforderlichen Strahlzeit von der Umfangsgeschwindigkeit des Schleuderrades bei verschiedenen Bedeckungsgraden an. Für den Glühzunder ergibt sich auch eine wesentliche Abhängigkeit, denn bei der niedrigen Umfangsgeschwindigkeit des Schleuderrades und kleinen Bedeckungsgraden war praktisch keine vollständige Entzunderung mehr zu erreichen. Die Kurvenzüge verlaufen unter diesen Bedingungen fast senkrecht; anders dagegen bei den mit Walzzunder behafteten Werkstoffen MR St VII 23 und MU St VII 23. Hier zeigt sich nur eine schwache Abhängigkeit der Entzunderungszeit von der Umfangsgeschwindigkeit des Schleuderrades, und die Kurven steigen in geringem Maße mit kleiner werdender Umfangsgeschwindigkeit an. Somit erhöht sich die zur Entzunderung erforderliche Strahlzeit gegenüber der sonst in den Betrieben üblichen Umfangsgeschwindigkeit von etwa 50 m/s bei einer Verminderung auf etwa 20 m/s und einem Bedeckungsgrad von 200 g/cm² · min nur um ca. 1 sec; das entspricht einer Verlängerung der Strahlzeit um ungefähr 30%. Trotz dieses relativ hoch erschei-

Zur Entzunderung erforderliche Strahlzeit in Abhängigkeit vom Bedeckungsgrad bei den vier verschiedenen Werkstoffen
Glühzunder: Werkstoff TU St 37; TR St 52;
Walzzunder: Werkstoff MR St VII 23; MU St VII 23;

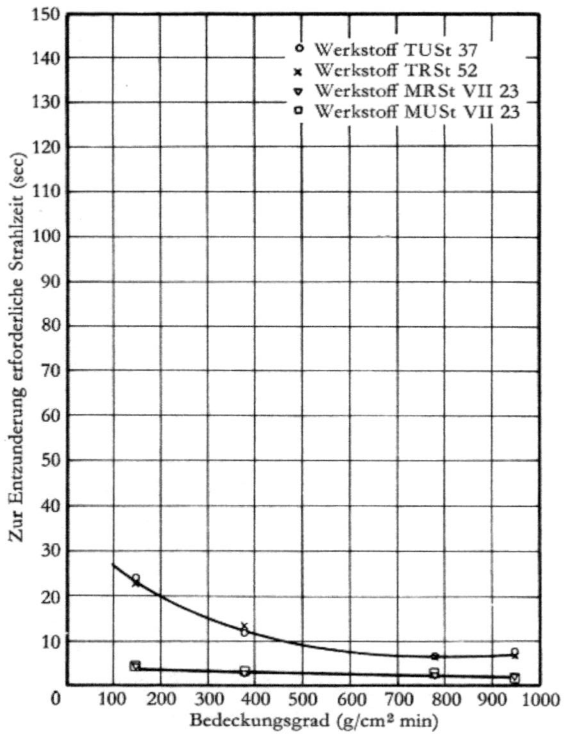

Abb. 31 Umfangsgeschwindigkeit des Schleuderrades: 49,5 (m/sec)

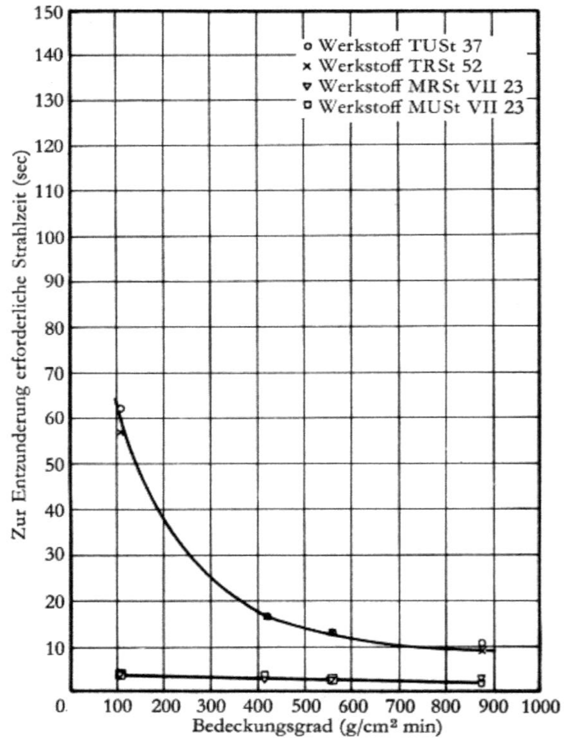

Abb. 32 Umfangsgeschwindigkeit des Schleuderrades: 40,0 (m/sec)

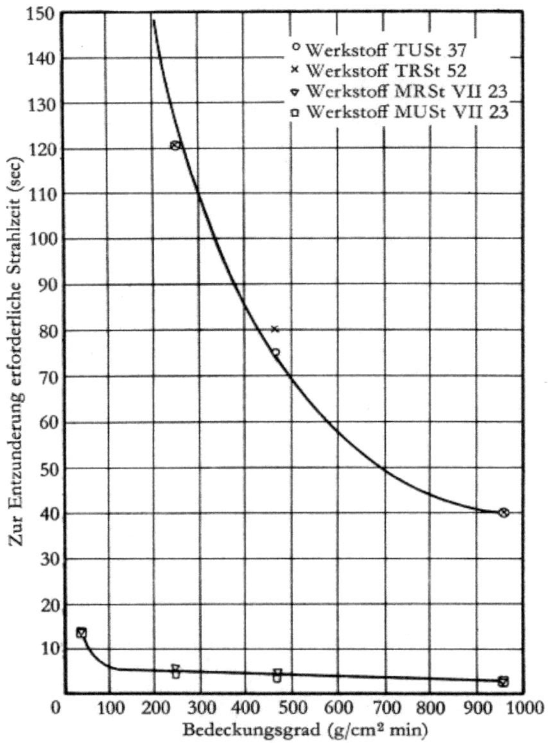

Abb. 33 Umfangsgeschwindigkeit des Schleuderrades: 30,6 (m/sec)

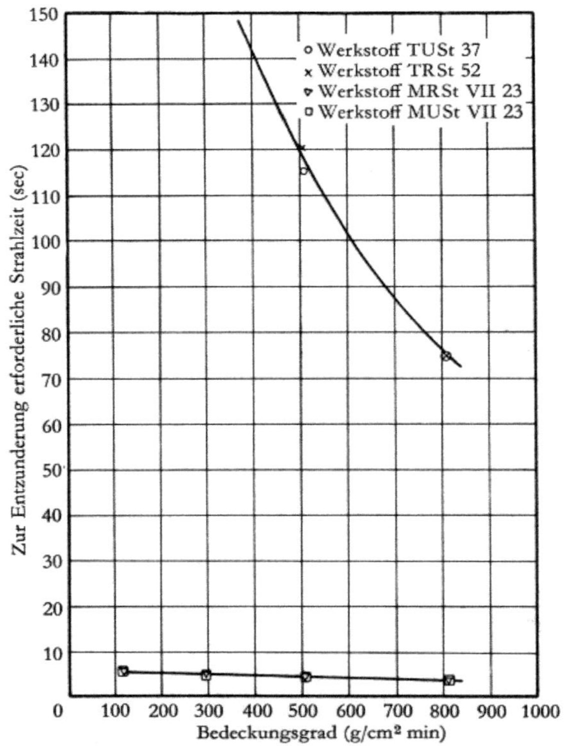

Abb. 34 Umfangsgeschwindigkeit des Schleuderrades: 21,2 (m/sec)

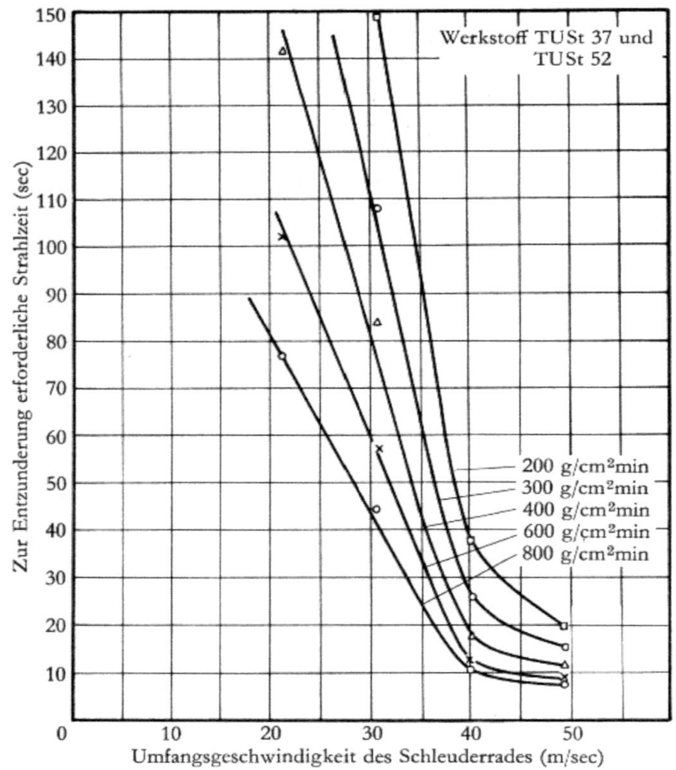

Abb. 35

Zur Entzunderung erforderliche Strahlzeit in Abhängigkeit von der Umfangsgeschwindigkeit des Schleuderrades bei verschiedenen Bedeckungsgraden

Glühzunder: Werkstoff TU St 37; TR St 37;

Walzzunder: Werkstoff MR St VII 23; MU St VII 23;

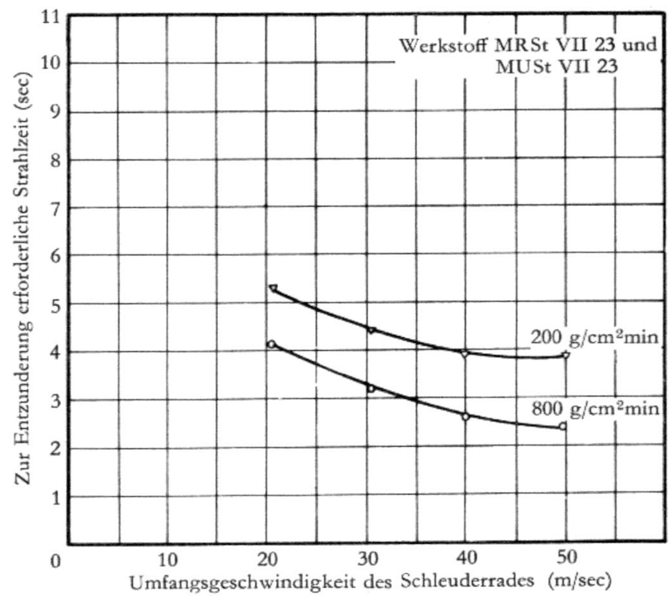

Abb. 36

nenden Wertes wird sich zeigen, daß mit einer Verringerung der Drehzahl andere erhebliche Vorteile zu erreichen sind.

Der hier vorliegende Walzzunder ist bei niedriger Umfangsgeschwindigkeit des Schleuderrades gegenüber dem Glühzunder noch relativ gut entfernbar, weil die Energie eines Strahlmittelteilchens immer noch groß genug ist, um die Zunderschicht bis auf den metallischen Untergrund zu durchschlagen. Die Abb. 37 gibt

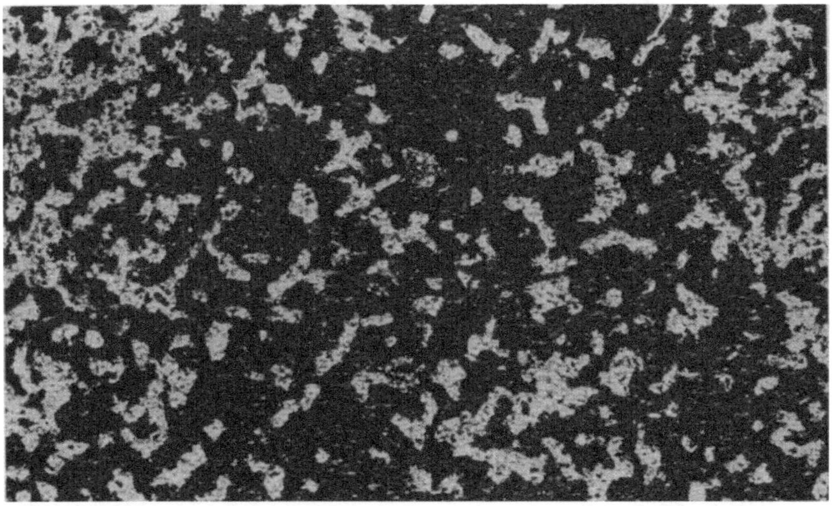

Abb. 37 Ansicht einer verzunderten Bandoberfläche nach sehr kurzer Strahlzeit (10:1)
Dunkel = Zunder; Hell = metallischer Untergrund
Werkstoff: MU St VII 23

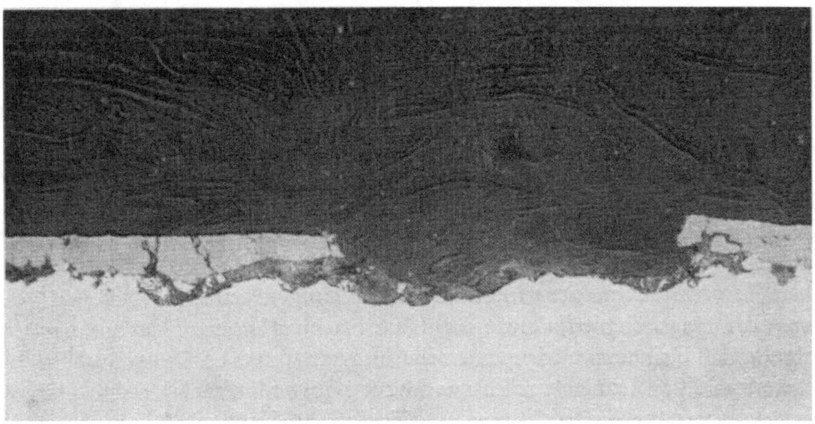

Abb. 38 Wirkung eines einzelnen Strahlmittelteilchens auf die Zunderschicht (600:1)
Querschliff; Werkstoff: MU St VII 23

eine Zunderoberfläche wieder, auf die bei der am kleinsten gewählten Umfangsgeschwindigkeit des Schleuderrades und sehr kleinem Bedeckungsgrad Strahlmittelteilchen getroffen sind, so daß das Metall freigelegt wurde. Die Wirkung eines Strahlmittelteilchens wird in Abb. 38 mikroskopisch an einem Querschliff gezeigt. An der Aufschlagstelle ist der Zunder restlos entfernt, rechts und links davon bereits leicht gelöst. Es kann deshalb angenommen werden, daß eine Erhöhung der Umfangsgeschwindigkeit des Schleuderrades bei gleichem Bedeckungsgrad eine kürzere Strahlzeit zur Folge hat, indem ein mit größerer Energie auftreffendes Teilchen die weitere Umgebung der Aufschlagstelle lockert oder ablöst. Das in Abb. 39 dargestellte Diagramm zeigt für das beruhigte und

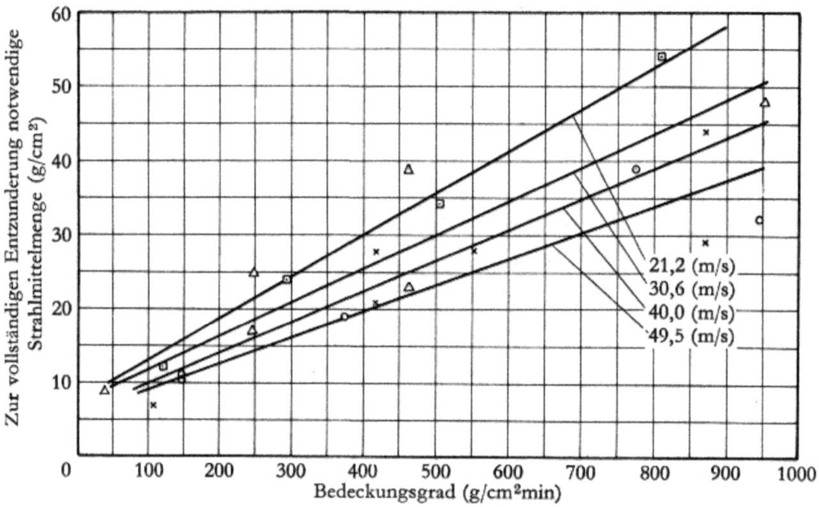

Abb. 39 Zur vollständigen Entzunderung notwendige Strahlmittelmenge in Abhängigkeit vom Bedeckungsgrad für die Werkstoffe MR St VII 23 und MU St VII 23 bei verschiedenen Umfangsgeschwindigkeiten des Schleuderrades

unberuhigte Siemens-Martin-Warmband die Abhängigkeit der zur vollständigen Entzunderung notwendigen Strahlmittelmenge vom Bedeckungsgrad, wobei die Umfangsgeschwindigkeit des Schleuderrades als Parameter gewählt wurde. Die Strahlmittelmenge wurde durch Multiplikation des Bedeckungsgrades mit der Strahlzeit errechnet. Die Darstellung ergibt eine eindeutige lineare Abhängigkeit zwischen den beiden Größen. Mit steigendem Bedeckungsgrad erhöht sich auch die zur Entzunderung notwendige Strahlmittelmenge, und zwar bei einer geringeren Umfangsgeschwindigkeit mehr als bei einer hohen. Hieraus kann man folgern, daß bei einem niedrigeren Bedeckungsgrad trotz erhöhter Strahlzeit eine kleinere Strahlmittelmenge zur Entzunderung notwendig ist als bei einem höheren Bedeckungsgrad mit einer kürzeren Strahlzeit. An Hand eines Beispiels läßt sich zeigen, daß bei Herabsetzung des Bedeckungsgrades auf ein Viertel des ursprünglichen 60% Strahlmittel eingespart werden können. Bei einer Umfangsgeschwindigkeit von 21,2 m/s würde bei einer gleichen Verringerung des Bedeckungsgrades die Einsparung sogar etwa 70% betragen. Durch folgerichtige Anwendung dieser Ergebnisse kann auch der Verschleiß des Strahlmittels und der gesamten Anlage vermindert werden. Das Versuchsergebnis kann so gedeutet werden, daß eine große Strahlmittelmenge beim Zurückprallen von der Strahlgutoberfläche die neu ankommenden Strahlmittelteilchen daran hindert, ihre volle Energie zur Entzunderung zur Wirkung kommen zu lassen.

In einer weiteren Versuchsreihe [18] wurde bei 16 verschiedenen Strahlbedingungen der zeitliche Verlauf der Entzunderung ermittelt. Dazu konnte jedoch nur der Walzzunder auf den Warmbändern herangezogen werden, da der Glühzunder infolge seiner Schichtenbildung stückweise abblättert und somit für diese Untersuchungen ungeeignet ist.

Während sonst bei Entzunderungsvorgängen die Reinheit der Oberfläche an Hand einer Sauerstoffanalyse überprüft wird, wurde in diesem Falle nach einer sehr einfachen Methode vorgegangen. Die Probe wurde vor dem Strahlen und dann jeweils nach einer Strahlzeit von 1 sec auf einer Analysenwaage gewogen. Dabei zeigte sich, daß von einer gewissen Strahlzeit an keine Gewichtsänderung durch eine Zunderabtragung mehr festzustellen ist. Das Auftreten der Gewichtskonstanz stellt also den Zeitpunkt dar, in dem die Probe »vollständig entzundert« ist und ein weiteres Strahlen zwecklos wird (s. Abschnitt: Materialabtragung). Aus den Gewichtsdifferenzen kann die Gesamtzundermenge (mg/cm^2) bestimmt werden, die sich auf einer Probe befindet. Da diese jedoch auf den einzelnen Proben gleichen Materials geringfügige Unterschiede aufwies, wurde die Restzundermenge (mg/cm^2) bestimmt. Darunter soll die Menge verstanden werden, die sich nach einer gewissen Strahlzeit noch auf der Oberfläche befindet. Eingeschlagener Zunder bleibt bei der Wägung unberücksichtigt, denn dieser kann nur mittels Heißextraktion bestimmt werden. Alle diese Versuchsergebnisse sind in den Diagrammen der Abb. 40–47 festgehalten. Übereinstimmend mit den Zunderaufnahmen (Abb. 10 und 11) ist festzustellen, daß sich auf dem Stahl MU St VII 23 eine dickere Zunderschicht befand als auf dem der Qualität MR St VII 23. Der Unterschied betrug etwa 1,5 mg/cm^2, jedoch waren die zur Entzunderung notwendigen Strahlzeiten bei beiden Stählen praktisch gleich. Das läßt den Schluß zu, daß die dickere Zunderschicht auf dem unberuhigten Stahl leichter entfernbar ist. Da der Zunder auf dem unberuhigten Stahl hauptsächlich aus Fe_3O_4 aufgebaut war, muß man annehmen, daß die »Wüstit-Phase« des Zunders schwieriger entfernbar ist als Fe_3O_4.

Diese Folgerung ist jedoch nicht zwingend, da die Schichtdicke selbst die Entfernbarkeit des Zunders beeinflußt, und zwar lassen sich dickere Zunderschichten besser entfernen als dünnere, wie von der Drahtentzunderung bekannt ist [24; 25].

Weiterhin wurde festgestellt, daß nach 1 sec Strahlzeit die Hauptmenge des Zunders entfernt war und dementsprechend die Kurven asymptotisch gegen Null gehen (Abb. 40–47). Dieser Zeitpunkt deckt sich mit den Ergebnissen der Versuche über die zur Entzunderung erforderlichen Strahlzeiten; dies ist ein weiterer Beweis für die Richtigkeit der Methode, mit welcher der Endpunkt ermittelt wurde.

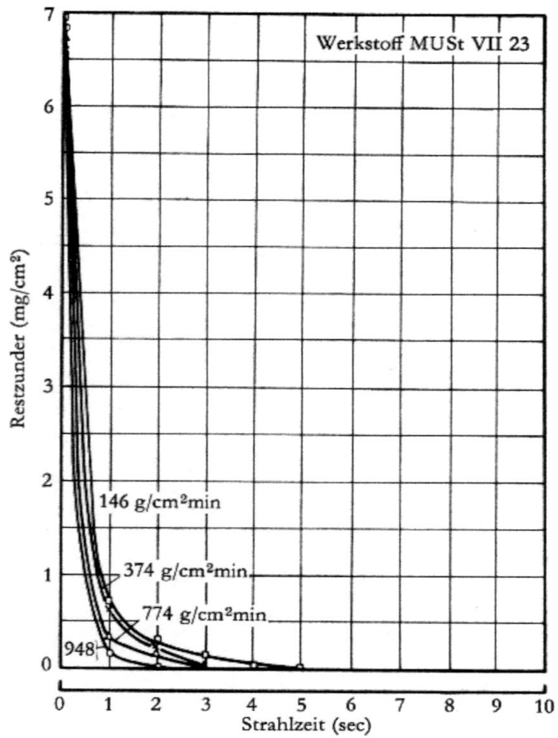

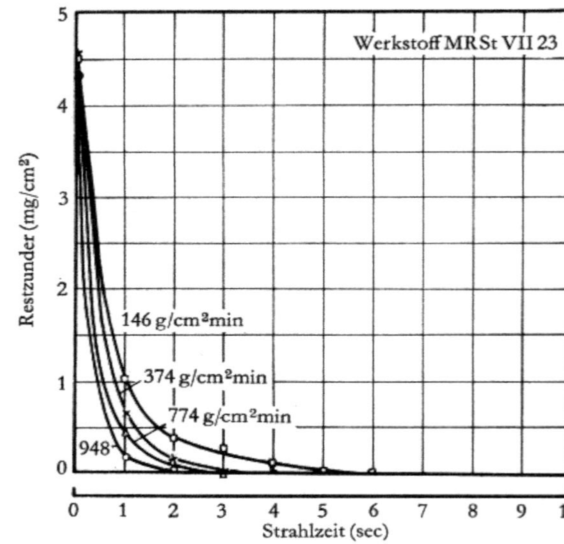

Abb. 40 und 41 Restzunder in Abhängigkeit von der Strahlzeit bei verschiedenen Bedeckungsgraden
Umfangsgeschwindigkeit des Schleuderrades: 49,5 m/s

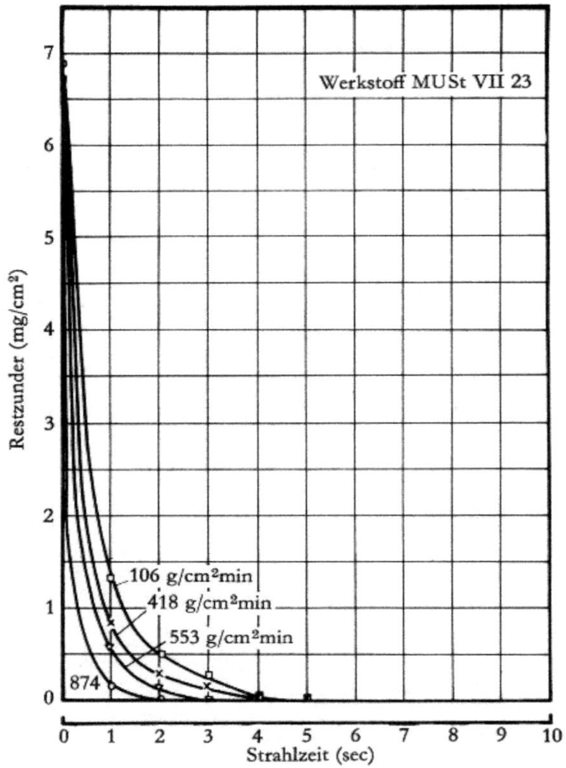

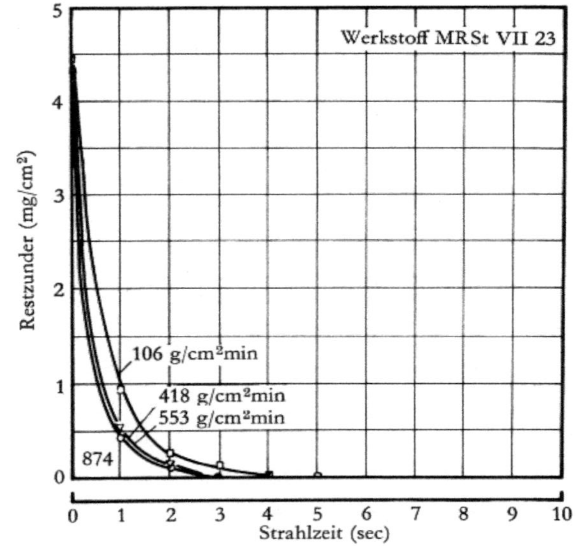

Abb. 42 und 43 Restzunder in Abhängigkeit von der Strahlzeit bei verschiedenen Bedeckungsgraden
Umfangsgeschwindigkeit des Schleuderrades: 40,0 m/s

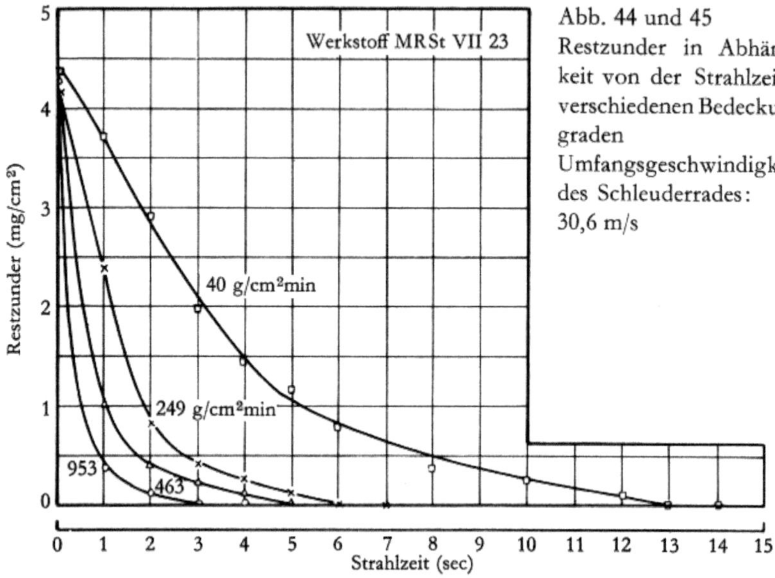

Abb. 44 und 45
Restzunder in Abhängigkeit von der Strahlzeit bei verschiedenen Bedeckungsgraden
Umfangsgeschwindigkeit des Schleuderrades: 30,6 m/s

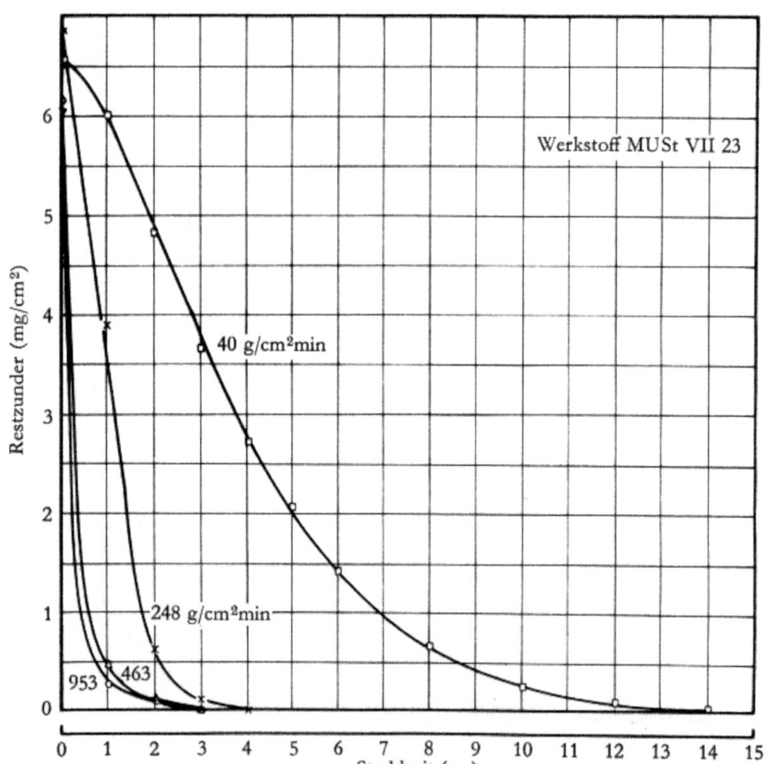

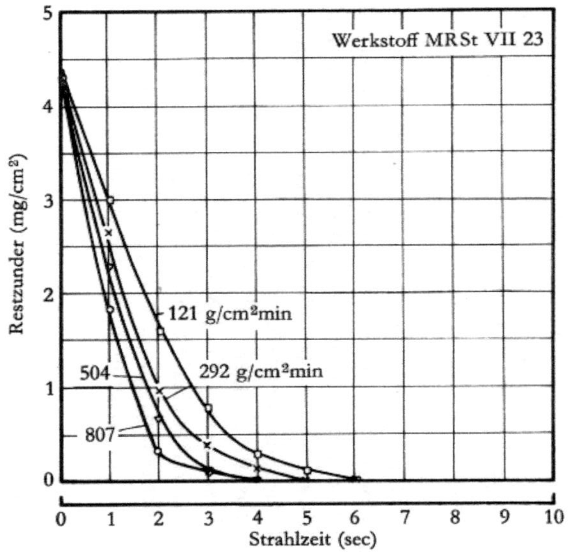

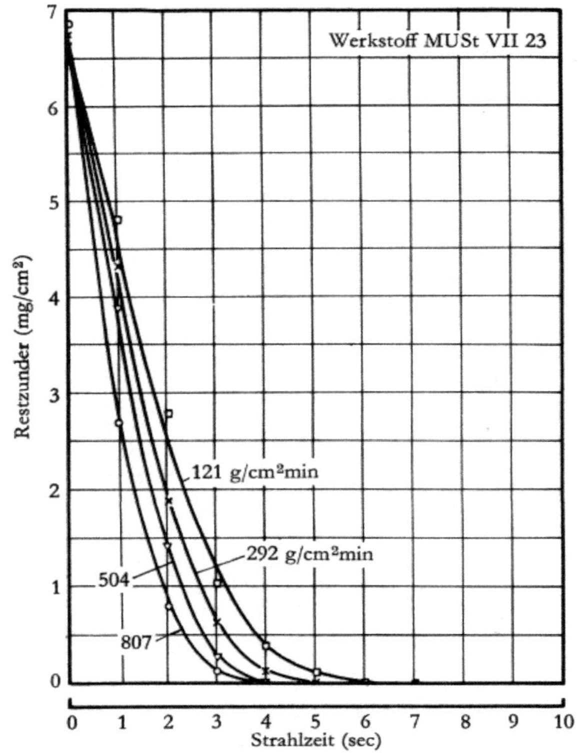

Abb. 46 und 47 Restzunder in Abhängigkeit von der Strahlzeit bei verschiedenen Bedeckungsgraden
Umfangsgeschwindigkeit des Schleuderrades: 21,2 m/s

Die hyperbolische Form der Kurven läßt sich etwa folgendermaßen erklären: Auf die vollständig verzunderte Oberfläche treffen Strahlmittelteilchen und entfernen zunächst einen Teil des Zunders. Die danach aufschlagenden finden nur noch Zunderinseln vor; ein großer Teil trifft also auf bereits entzunderte Stellen. So wird die Wahrscheinlichkeit für ein ankommendes Strahlmittelteilchen bei fortschreitender Entzunderung immer geringer, eine noch verzunderte Stelle zu treffen, so daß nur noch eine immer kleinere Zundermenge entfernt werden kann, bis schließlich die gesamte Fläche zunderfrei ist. Aus diesen Überlegungen folgt auch, daß der Bedeckungsgrad auf die Entzunderung Einfluß hat, wie er sich aus den Diagrammen ergibt; d. h., eine geringere Strahlmittelmenge »bedeckt« eine kleinere Fläche und entfernt so in der gleichen Zeit weniger Zunder.
Diese Erkenntnisse können für die Praxis bemerkenswert sein, wenn das Strahlen mit einem kurzen Beizen kombiniert werden soll (2; 4; 5) (s. auch Abb. 1). Das dürfte nach dem heutigen Erkenntnisstand dort der Fall sein, wo man auf eine gebeizte Bandoberfläche nicht verzichten kann, um u. a. das Auftreten des »schwarzen Schmutzes« zu vermeiden. Der Zeitpunkt des Beizbeginnes müßte dann auf die Lage und Form der Entzunderungskurve abgestimmt werden, um die Beizzeit so kurz wie möglich zu halten. Andererseits darf aber noch kein Zunder in die Oberfläche eingeschlagen sein, weil die Beize u. U. zu diesen Zunderteilchen keinen Zugang findet.
Die nachfolgend geschilderten Ergebnisse von Tastversuchen über das Auftreten des »schwarzen Schmutzes« auf der Bandoberfläche sollten ergeben, ob und wie sich das Problem durch Änderung der Strahlbedingungen lösen läßt.
Nach HÖHLE, PANNEK und BRINKER [4] tritt der »schwarze Schmutz« hauptsächlich bei Stählen mit geringen Kohlenstoffgehalten auf. Deshalb wurde zu dieser Untersuchung [18] auch der weichste Werkstoff (MU St VII 23) herangezogen. Blechproben dieses Stahls wurden bei einer Umfangsgeschwindigkeit des Schleuderrades von 49,5 m/s zunächst nicht ganz entzundert, dann vollständig entzundert und schließlich überstrahlt. Nach einer bei der Hoesch AG Westfalenhütte in Dortmund angewandten Methode[2] wurde der Schmutz von der Oberfläche auf folgende Weise entfernt: Ein »Tesafilm«-Streifen wird mit einer Gummirolle auf die Oberfläche gewalzt und wieder abgezogen, wobei der Schmutz an der Klebschicht haftenbleibt. Die Abb. 48 zeigt die Ergebnisse des Versuchs. Daraus geht hervor, daß der schwarze Belag auf der vollständig entzunderten Probe am geringsten ist, während die Proben der beiden anderen Zustände stärkere Verschmutzungen aufweisen. Durch mikroskopische Untersuchung konnte außerdem festgestellt werden, daß der Schmutz von der zu kurzzeitig gestrahlten Probe hauptsächlich aus Restzunder und der von der überstrahlten Probe vorwiegend aus Metallflittern bestand. Die Metallflitter rühren von verfestigten und abgeschlagenen Materialteilchen her. Geringe Mengen beider Anteile wurden auf der Oberfläche der optimal gestrahlten Probe gefunden [20]. Mit diesen Ergebnissen konnte eine weitere Begründung dafür erbracht werden, daß

[2] Persönliche Mitteilung von P. U. SCHMITHALS.

Tesafilm-Abzug:

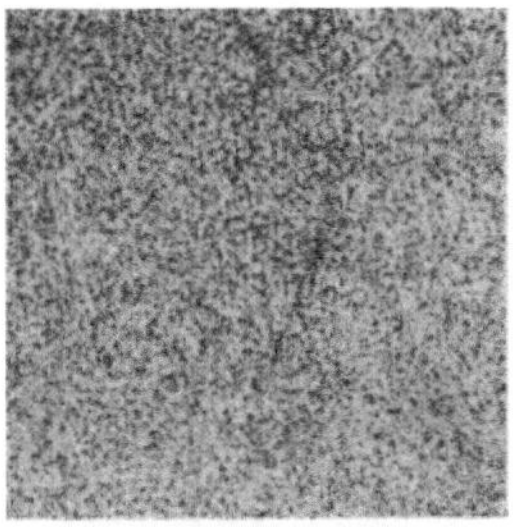

unvollständig entzundert

vollständig entzundert

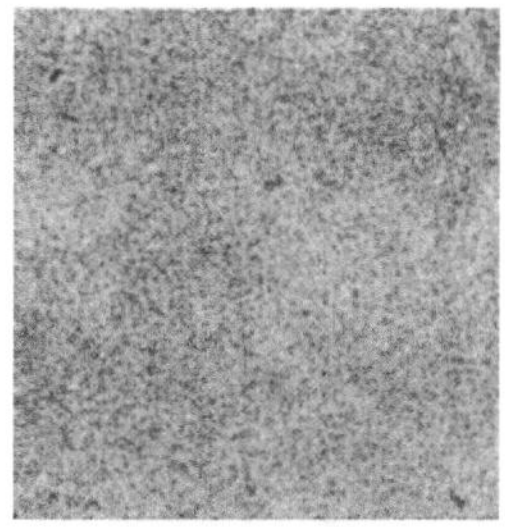

überstrahlt

Oberflächenaussehen unter dem Mikroskop:

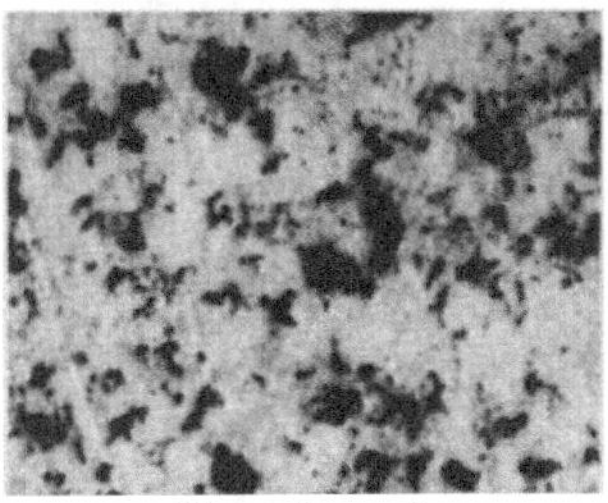

überwiegend Restzunder

geringe Mengen an Restzunder und Metallflitter

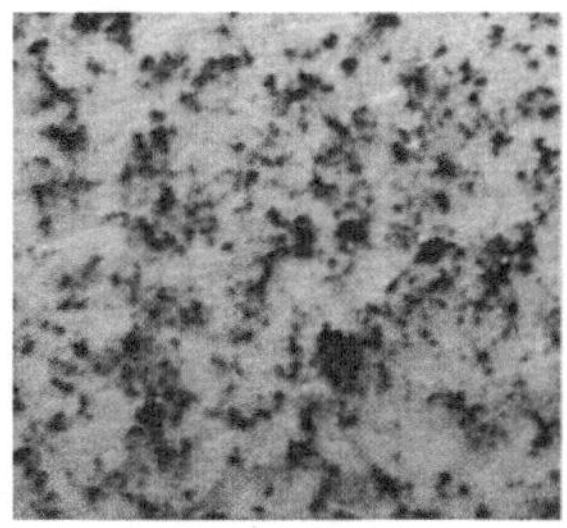

überwiegend Metallflitter

Abb. 48 Verschmutzung der Oberfläche nach verschiedenen Strahlzeiten
Umfangsgeschwindigkeit des Schleuderrades: 49,5 m/s
Werkstoff: MU St VII 23

ein Reinigungsstrahlen nur bis zum Zeitpunkt der »vollständigen Entzunderung« ausgeführt werden darf und ein Überstrahlen unbedingt zu vermeiden ist.

In einer anderen Versuchsreihe [18] wurden Proben des gleichen Materials bei vier verschiedenen Umfangsgeschwindigkeiten des Schleuderrades »vollständig entzundert«. Nachdem die Verschmutzung der Oberfläche festgestellt war, wurden die Bleche mit einer Stichformänderung von $\varepsilon_h = 10\%$ ohne Walzemulsion kalt gewalzt. Daraufhin wurde wiederum der Schmutz der Oberfläche abgezogen. Ein Einfluß der Umfangsgeschwindigkeit war nicht zu erkennen; möglicherweise, weil ein Teil des Schmutzes an den Walzen haften blieb, der nicht berücksichtigt werden konnte.

7.1.1 *Die Entzunderung der Kanten*

Im Zusammenhang mit Untersuchungen an niedrig gekohltem Siemens-Martin-Band in bezug auf das Auftreten des schwarzen Schmutzes beim Kalt-Walzen gab

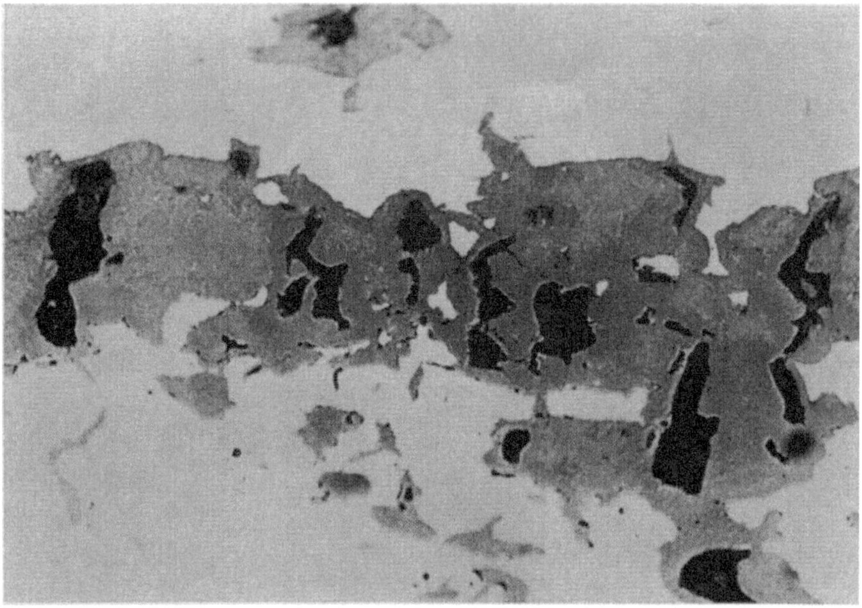

Abb. 49 Kantenzunder eines normal gestrahlten Bandes (600:1)

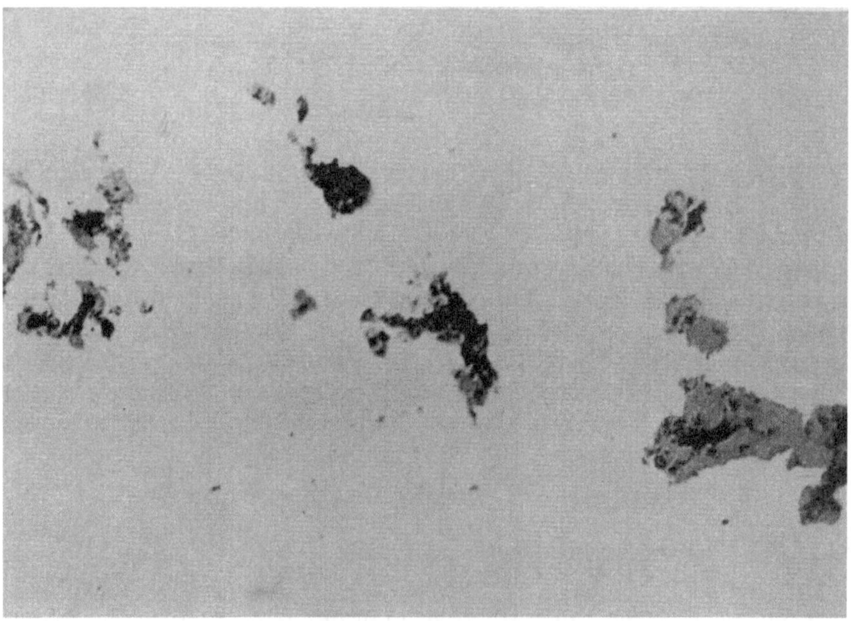

Abb. 50 Kantenzunder bei direkt gestrahlten Bandkanten am Ring (600:1)

eine besonders starke Verschmutzung Anlaß, die Entzunderung der Bandkanten zu untersuchen [19]. Es wurde festgestellt, daß der Kantenzunder beim normalen Strahlen der Bänder gar nicht oder nur in unzulänglichem Maße entfernt wird, da die Lage der Kanten im Strahlraum zur Strahlrichtung ungünstig ist; die Bandkanten verlaufen, abgesehen vom Schrägstrahlen, etwa parallel zur Strahlrichtung. Die Abb. 49 und 50 zeigen den Unterschied zwischen der Zundermenge an der Kante eines normal gestrahlten Bandes, das noch zusammenhängende Zunderzeilen ausweist, und des Zunders an Bandkanten, die im Ring besonders gestrahlt wurden und dann lediglich noch in der Nähe von Vertiefungen Zundernester zeigen. Die Bandkanten sind meist etwas rissig, wodurch der Zunder gut haftet.

Beim Kalt-Walzen eines Bandes mit nicht gesondert gestrahlten Kanten ergab sich, daß der Zunder im Laufe von vier aufeinanderfolgenden Stichabnahmen bis auf geringe Reste ausbrach. Die Abb. 51 zeigt das Aussehen einer Bandkante vor dem Walzen.

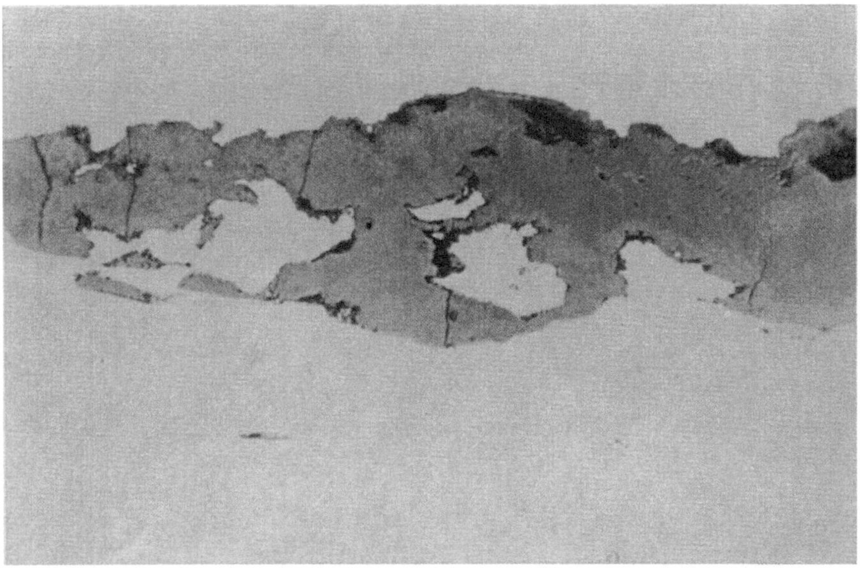

Abb. 51 Zunder an den Bandkanten vor dem Walzen (600:1)

Aus den Aufnahmen 52–55 ist ersichtlich, wie die Zundermenge an der Bandkante durch jeden Stich mehr und mehr entfernt wird. Allerdings führt dies naturgemäß zu einem stärkeren Schmutzanfall beim Kalt-Walzen, wodurch die Oberflächengüte der Walzen und des Bandes herabgemindert werden. Der Zunder an den Kanten wird entweder abgeschert oder aus Rissen und anderen Vertiefungen herausgedrückt.

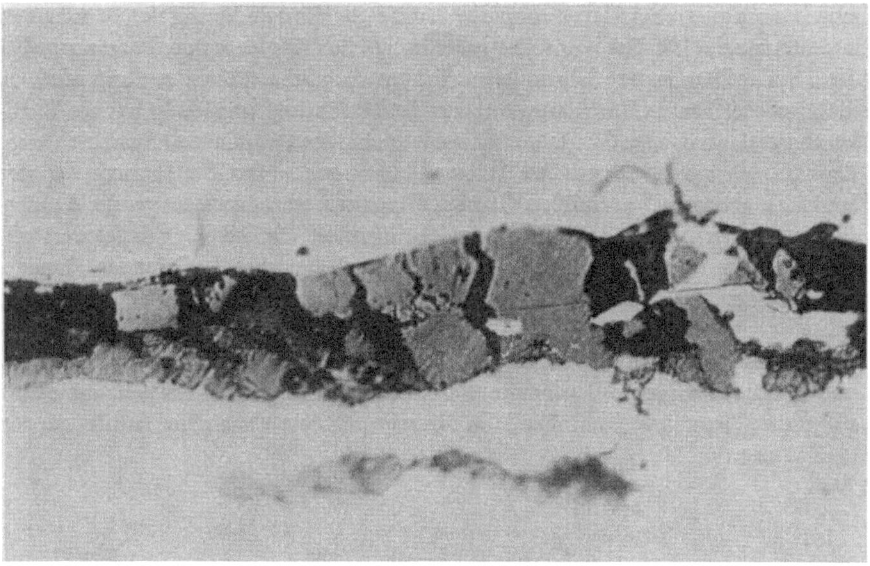

Abb. 52 Zunder an der Bandkante nach dem ersten Stich (600:1)

Abb. 53 Zunder an der Bandkante nach dem zweiten Stich (600:1)

Abb. 54 Zunder an der Bandkante nach dem dritten Stich (600:1)

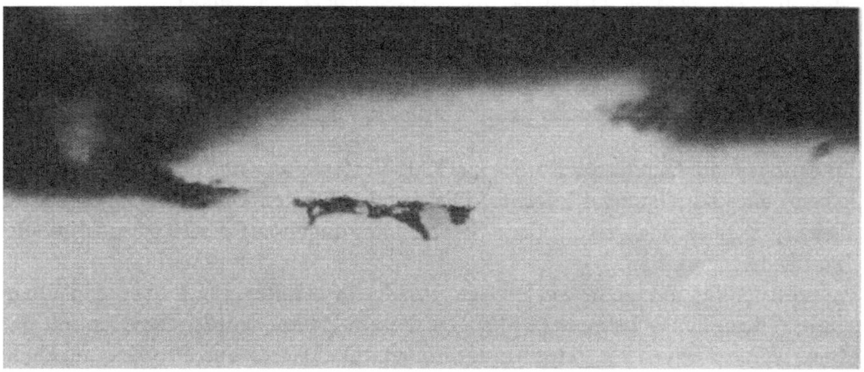

Abb. 55 Zunder an der Bandkante nach dem vierten Stich (600:1)

Aus der laufenden Produktion eines Betriebes wurde eine Bandprobe entnommen und an der Oberfläche der Kante poliert (Abb. 56). Dieses Band wurde unter normalen Betriebsbedingungen in einer Gutmann-Anlage gestrahlt. Der Zunder liegt in zusammenhängenden Feldern vor und ist nur in geringem Maße entfernt worden.
Bei der Anwendung der mechanischen Strahlentzunderung vor dem Kalt-Walzen sollten Warmbänder zur Verringerung des Schmutzanfalles an den Kanten besonders behandelt werden, beispielsweise durch Strahlen, kurzes Beizen oder Besäumen der Bänder. Praktisch recht gut durchführbar ist das Strahlen der Kanten am aufgewickelten Ring.

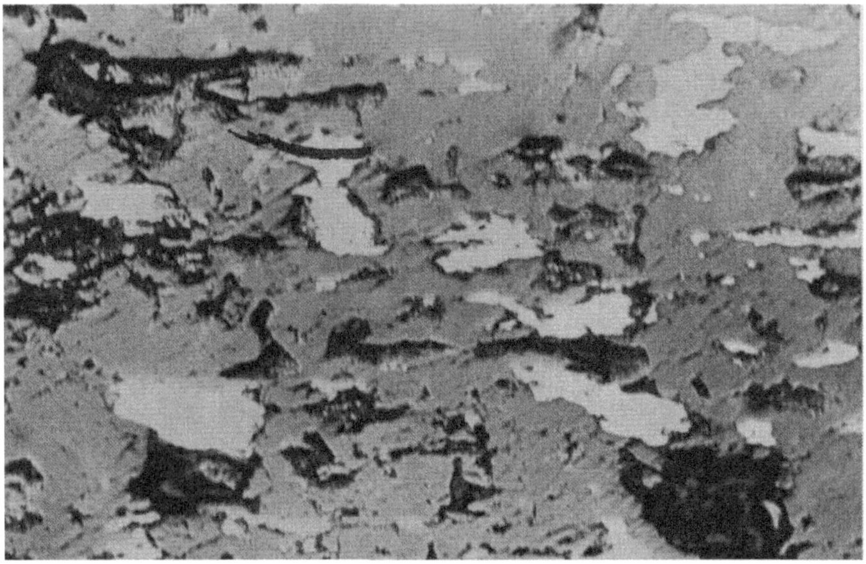

Abb. 56 Nach dem Strahlen an der Bandkante vorliegender Zunder (Probe aus normaler Produktion entnommen) (600:1)

7.2 Einfluß der Strahlbedingungen auf die Aufhärtung

Das auftreffende Strahlmittel ruft eine Kalt-Verfestigung der Strahlgutoberfläche hervor; dies ist allgemein bekannt. Die durchgeführten Untersuchungen sollten aber zeigen, wie sich verschiedene Strahlbedingungen auf die Härtezunahme der Oberfläche auswirken.

An vollständig entzunderten Proben wurde der Härteverlauf über den Querschnitt (Blechdicke) festgestellt [18]. Zu diesem Zweck wurden Streifen mit den Abmessungen etwa 8×20 mm entnommen. Die Härte am Probenquerschnitt wurde nach Vickers mit einem Mikro-Härteprüfgerät »Durimet« von der Firma E. Leitz bei 25 g Prüflast ermittelt. Zur Prüfung gelangten Proben von vier verschiedenen Werkstoffen, die mit einer hohen und einer niedrigen Umfangsgeschwindigkeit des Schleuderrades gestrahlt waren. Jeder Meßpunkt der Diagramme in den Abb. 57 und 58 stellt einen Mittelwert aus zwölf Einzelprüfungen dar. Die Härteeindrücke wurden jeweils in Abständen von 10 μ bis in eine Tiefe von 150 μ in Richtung der Dicke des Bleches gemacht.

In der Darstellung (Abb. 57 und 58) der Härte (HV) = f (Randabstand [μ]) liegen die Kurvenzüge für die verschiedenen Werkstoffe, bedingt durch verschiedene Festigkeitswerte im Ausgangszustand, unterschiedlich hoch. Die Härte nimmt in nachstehender Reihenfolge ab: TR St 52; TU St 37; MR St VII 23; MU St VII 23. Von der Oberfläche fällt die Härte stark ab, und zwar bei den härteren Werkstoffen steiler. In einem Randabstand $>$ 90–100 μ bleibt die Härte etwa konstant; es dürfte hier noch die ursprüngliche Härte vorliegen.

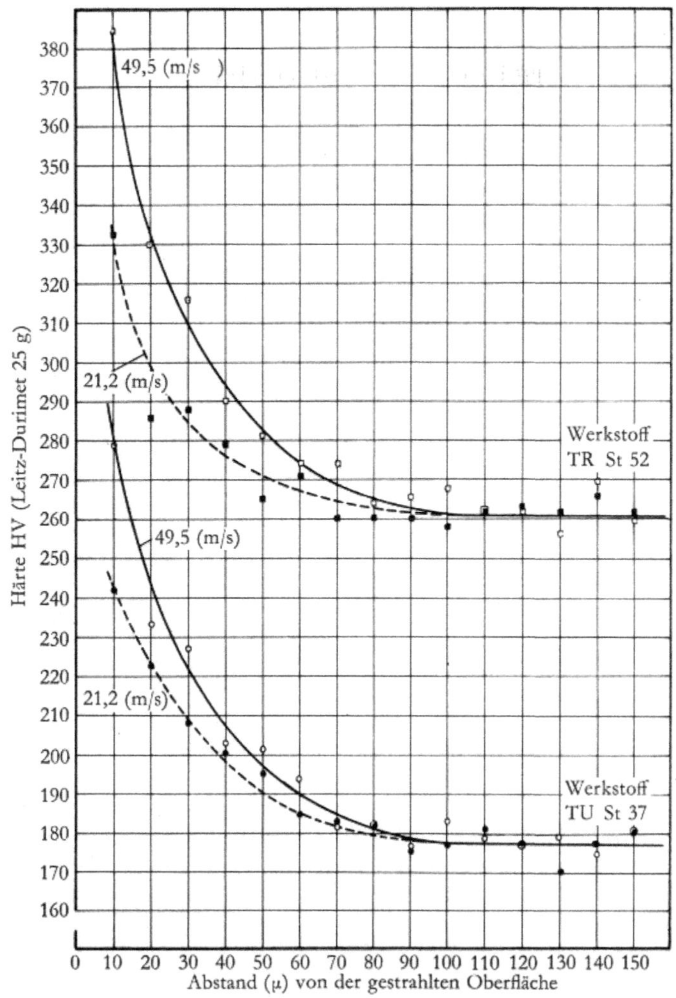

Abb. 57 Härte der Werkstoffe TU St 37 und TR St 52 in verschiedenen Abständen von der Oberfläche nach vollständiger Entzunderung bei Umfangsgeschwindigkeiten des Schleuderrades von 49,5 und 21,2 m/s

Die bei der Umfangsgeschwindigkeit des Schleuderrades von 49,5 m/s gestrahlten Proben weisen am Rand eine erheblich größere Härte auf als die bei 21,2 m/s gestrahlten; bei letzteren reicht die Verfestigung in eine geringere Tiefe. Der Bereich der Kalt-Verfestigung ist aus der Deformation der Korngrenzen des Gefüges gut zu erkennen. Die Abb. 59 und 60 zeigen die stärkere und tiefergehende Verzerrung des Gefüges bei der hohen Umfangsgeschwindigkeit, während bei der geringen Geschwindigkeit kaum noch eine Deformierung zu erkennen ist.

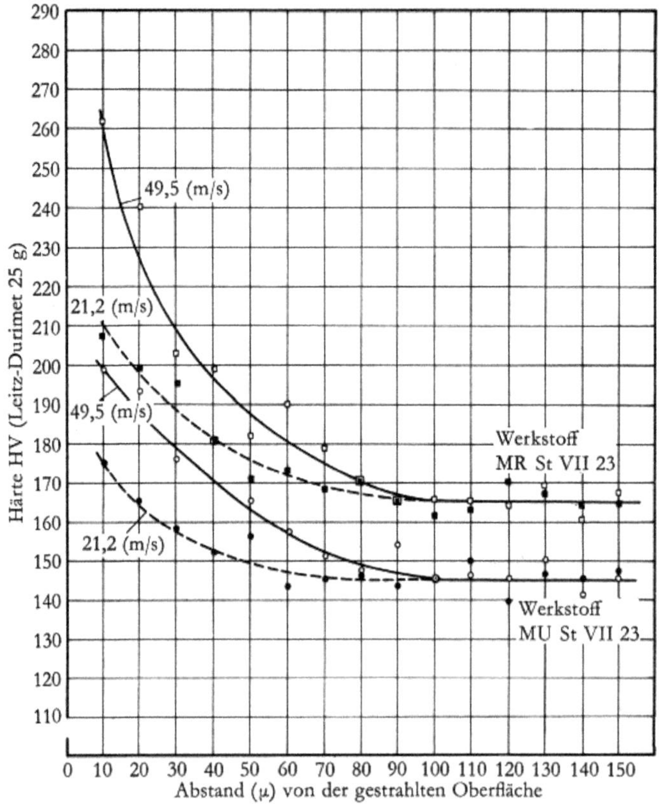

Abb. 58 Härte der Werkstoffe MR St VII 23 und MU St VII 23 in verschiedenen Abständen von der Oberfläche nach vollständiger Entzunderung bei Umfangsgeschwindigkeiten des Schleuderrades von 49,5 und 21,2 m/s

Wird eine Oberfläche nach der Entzunderung weiter gestrahlt, so dringt die Deformation des Gefüges mit steigender Strahlzeit tiefer in den Werkstoff vor (Abb. 61–66). Nach einer Sekunde Strahlzeit ist der Zunder bis auf einen kleinen Rest entfernt; gleichzeitig ist auch schon eine geringe Gefügeänderung an der Oberfläche eingetreten. Ein drei Sekunden langes Strahlen bewirkt eine tiefergehende Deformation, und eine dünne Oberflächenschicht erscheint bereits zertrümmert. Nach fünf Sekunden ist die Veränderung der Oberfläche so weit fortgeschritten, wie es Abb. 64 erkennen läßt. Bei einer Strahlzeit von 10 und 20 sec zeigen die Aufnahmen Gefügeveränderungen, die wesentlich tiefer sind. Die Kalt-Verfestigung ist derart groß, daß das Formänderungsvermögen an den gebildeten Vorsprüngen erschöpft ist. Bei einem Kalt-Walzen würden sie abbrechen und die Verschmutzung der Oberfläche verstärken.

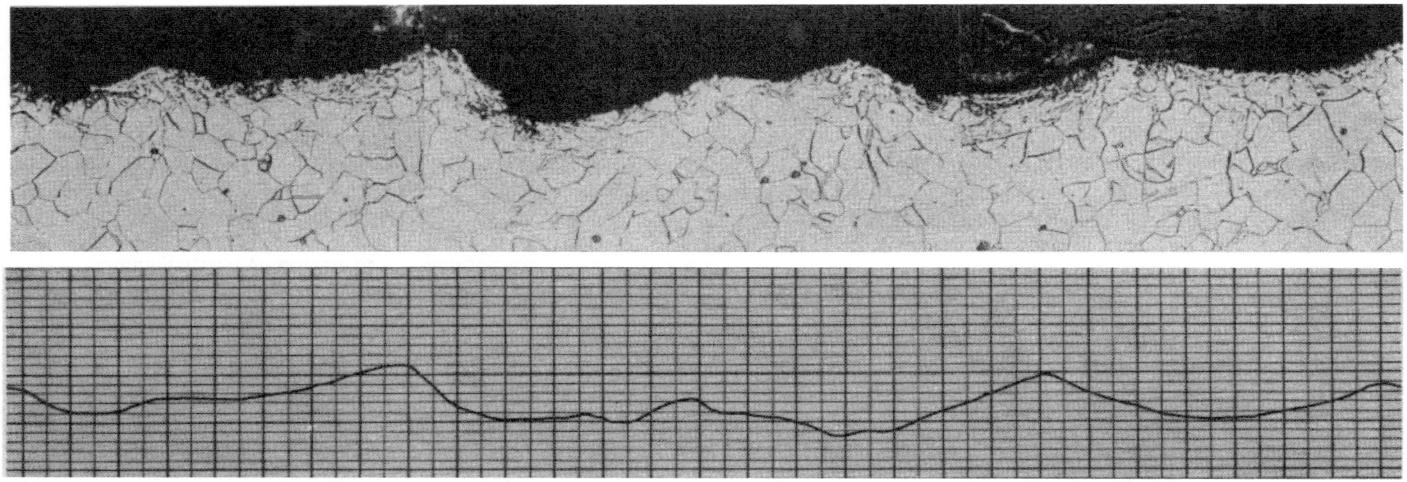

Rauhtiefe = 38,9 (μ) (Profilaufschreibung mit einem Perth-O-Meter)

Abb. 59 Oberflächenprofil von Werkstoff MU St VII 23 nach vollständiger Entzunderung
Umfangsgeschwindigkeit des Schleuderrades: 49,5 m/s (250:1)

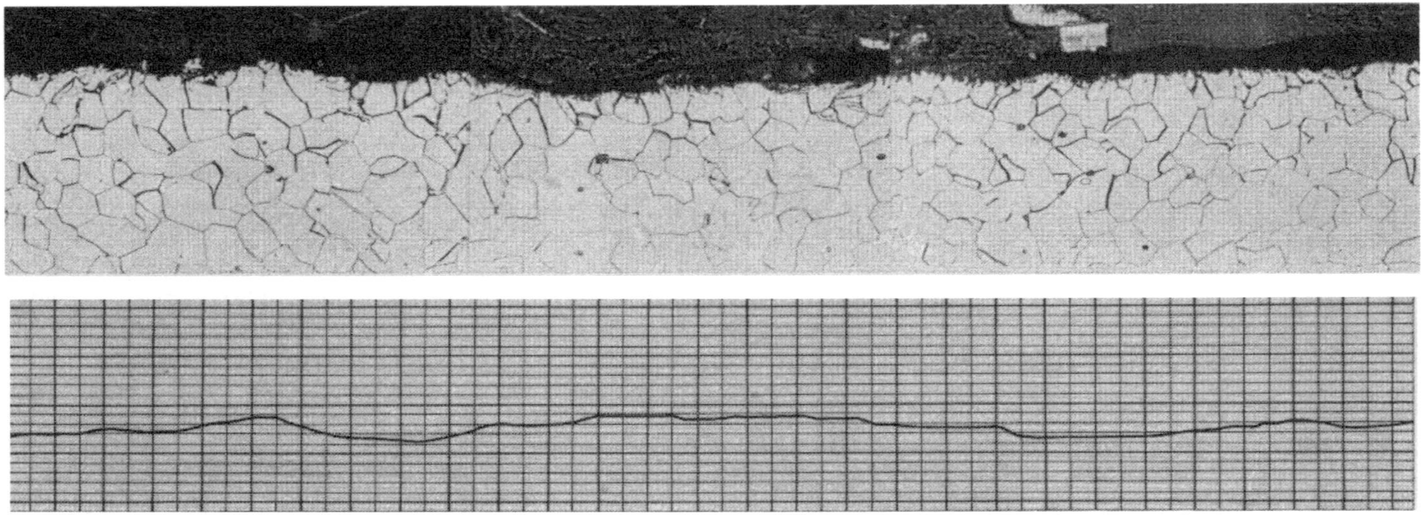

Rauhtiefe = 15,6 (μ) (Profilaufschreibung mit einem Perth-O-Meter)

Abb. 60 Oberflächenprofil von Werkstoff MU St VII 23 nach vollständiger Entzunderung
Umfangsgeschwindigkeit des Schleuderrades: 21,2 m/s (250:1)

Oberflächenausbildung von Werkstoff MU St VII 23 nach verschiedenen Strahlzeiten (Querschliffe). Umfangsgeschwindigkeiten des Schleuderrades: 49,5 m/s (geätzt mit HNO_3, 3%ig alkohol.; 500:1)

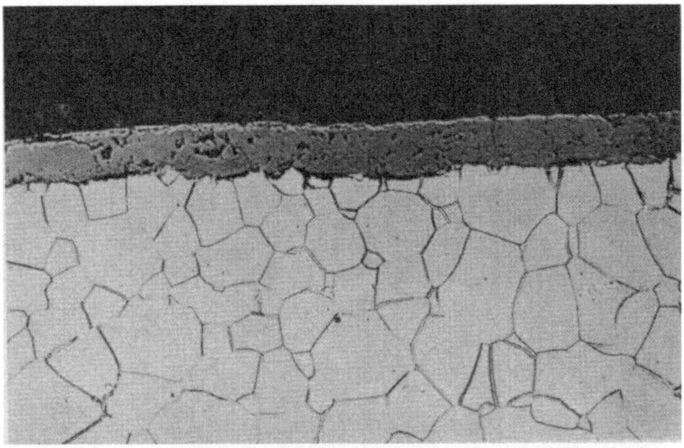

Abb. 61
ungestrahlt

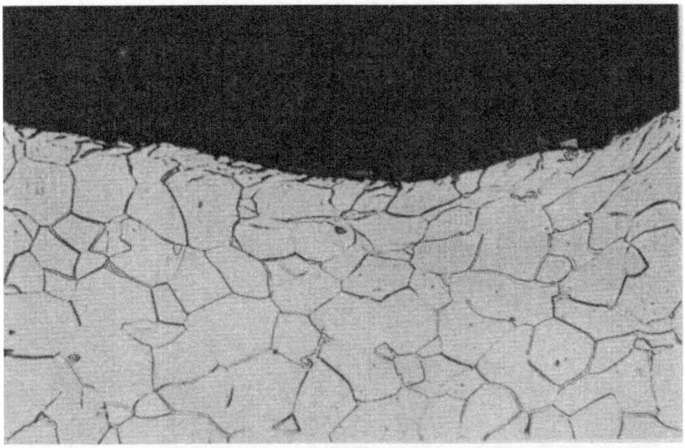

Abb. 62
Strahlzeit 1 sec

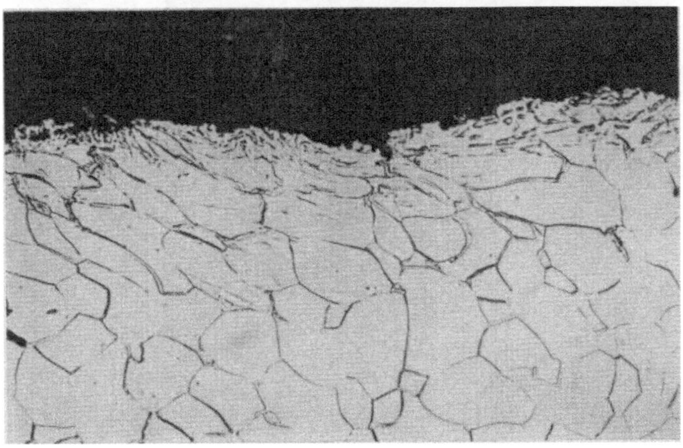

Abb. 63
Strahlzeit 3 sec

Oberflächenausbildung von Werkstoff MU St VII 23 nach verschiedenen Strahlzeiten (Querschliffe). Umfangsgeschwindigkeiten des Schleuderrades: 49,5 m/s (geätzt mit HNO_3, 3%ig alkohol.; 500:1)

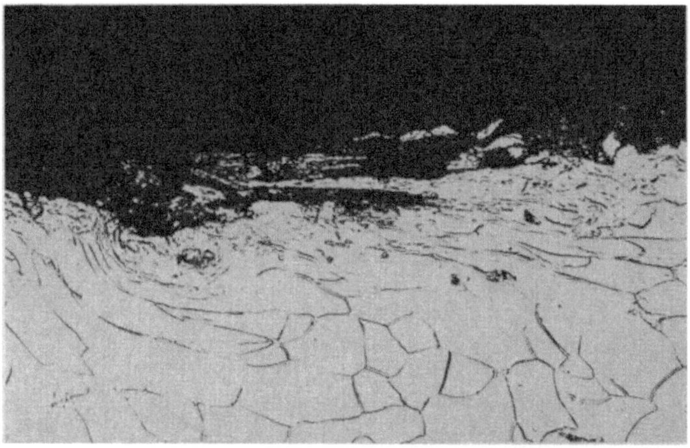

Abb. 64
Strahlzeit 5 sec

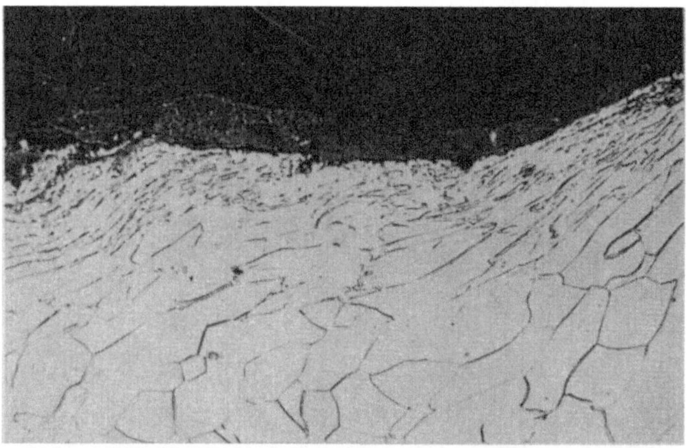

Abb. 65
Strahlzeit 10 sec

Abb. 66
Strahlzeit 20 sec

Eine Mikro-Oberflächenaufnahme (Abb. 67) von einem gestrahlten Schiffsblech aus St 52 läßt eine Kornzertrümmerung in der Umgebung der Einschlagstelle von Strahlmittelteilchen erkennen [19].
An Hand der Bildreihe kann gezeigt werden, daß die Eindringtiefe und Zunahme der Härte auch von der Strahlzeit abhängt. Gleichzeitig ergaben sich Hinweise über das Entstehen des »schwarzen Schmutzes«.

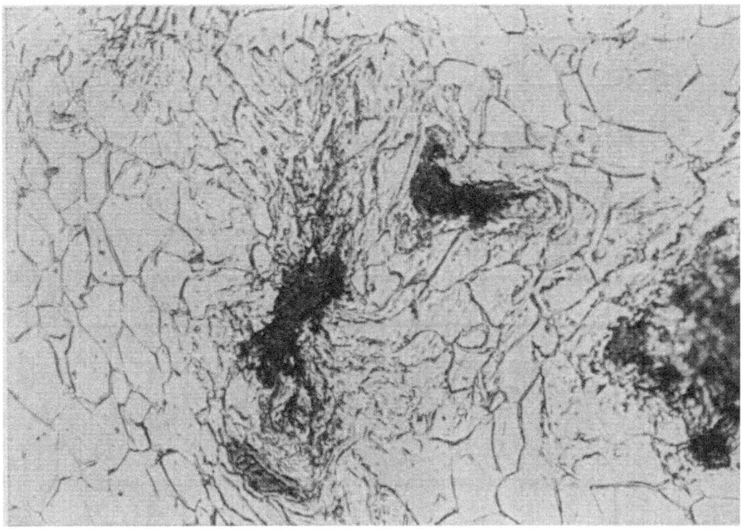

Abb. 67 Kornzertrümmerung in der Nähe eines Einschlages von Strahlmittelteilchen (HNO_3; 600:1)

Durch weitere Versuche [18] wurde die Härtezunahme an der Oberfläche durch die Entzunderung unter gleichen Strahlbedingungen untersucht. An allen vier Stählen wurde zunächst die Ausgangshärte in 100 μ Abstand von der Oberfläche gemessen. Die Härtemessungen wurden dann auf den Querschnittsflächen in einem Abstand von 15 μ von der Oberfläche gemacht, nachdem die Proben mit den vier angegebenen Umfangsgeschwindigkeiten des Schleuderrades und Strahlmittel-Durchsätzen gestrahlt worden waren. Aus der Abweichung von der ursprünglichen Härte ergab sich die Härtezunahme der Oberfläche. Auch diese Werte sind aus zwölf Einzelmessungen gemittelt. Dargestellt wurden in den Diagrammen der Abb. 68 und 69 die Härtezunahmen der Oberflächen nach »vollständiger Entzunderung« für die vier Werkstoffe in Abhängigkeit von der Umfangsgeschwindigkeit des Schleuderrades. Die Kurvenzüge steigen mit erhöhter Umfangsgeschwindigkeit an. Eine Abhängigkeit von dem Bedeckungsgrad konnte dabei nicht festgestellt werden. Der Werkstoff mit der höchsten Ausgangshärte erfuhr eine geringere Härtezunahme als der weichere Stahl TU St 37. Das weichste Material (MU St VII 23) wurde auch am geringsten verfestigt. Die Aufhärtung beträgt bei einer Umfangsgeschwindigkeit des Schleuderrades von 21,2 m/s bei den Proben aus TRSt 52 und MU St VII 23 nur noch 20 Vickers-

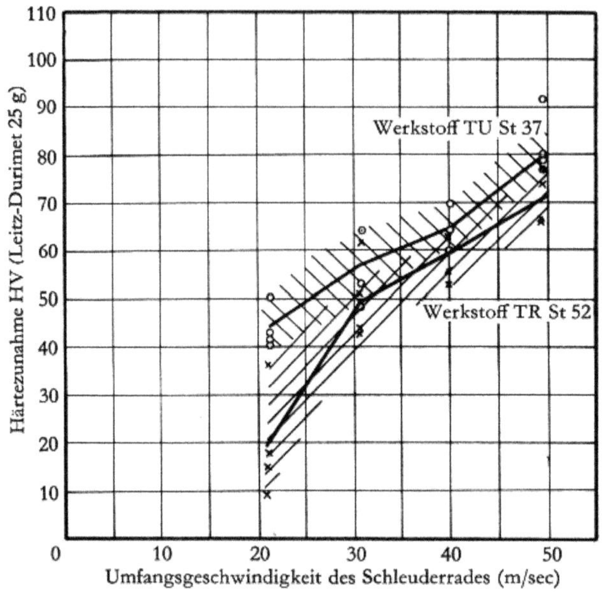

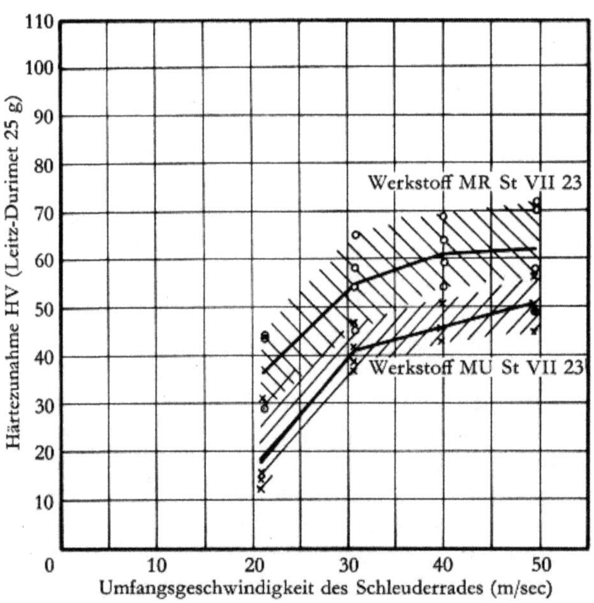

Abb. 68 und 69 Härtezunahme der Oberfläche nach der Entzunderung in Abhängigkeit von der Umfangsgeschwindigkeit des Schleuderrades (gemessen in 15 μ Abstand von der gestrahlten Oberfläche mit Leitz »Durimet« 25 g)

Einheiten gegenüber 70 bzw. 50 HV bei den heute allgemein üblichen Schleuderrad-Drehzahlen. Bei den Werkstoffen TU St 37 und MR St 23 vermindert sie sich von 80 bzw. 60 HV auf 45 bzw. 37 Einheiten, wenn die Schleuderrad-Drehzahl von 49,5 m/s auf 21,2 m/s herabgesetzt wird. Es ist kaum anzunehmen, daß diese geringe Härtesteigerung an der Oberfläche einen Einfluß auf eine nachfolgende Kalt-Formgebung hat; vielmehr scheint dazu die Aufrauhung beizutragen.
Die Versuche haben aber gezeigt, daß durch eine Verringerung der Umfangsgeschwindigkeit die Oberflächenaufhärtung des Strahlgutes kleiner wird.
Die Aufhärtung der Oberfläche bedingt im übrigen eine geringe Änderung der Festigkeitseigenschaften der Stähle. Proben des etwa 2,7 mm dicken Bandes aus MU St VII 23 wurden durch Strahlen bei zwei verschiedenen Umfangsgeschwindigkeiten vollständig entzundert und Zugfestigkeit, Streckgrenze und Dehnung geprüft (Tab. 1, S. 74). Danach werden bei einer Umfangsgeschwindigkeit des Schleuderrades von 49,5 m/s die Streckgrenze und die Zugfestigkeit gegenüber dem ungestrahlten Zustand wenig erhöht und die Dehnung etwas abgesenkt. Dieses Ergebnis deckt sich mit dem der Untersuchungen von Höhle, Pannek und Brinker [4]. Bei der Umfangsgeschwindigkeit des Schleuderrades von 21,2 m/s ist dagegen kein Unterschied im Vergleich zu den ungestrahlten Proben mehr festzustellen. Auch kann man mit Sicherheit sagen, daß bei größeren Blechdicken die aufhärtende Wirkung des Strahlens praktisch keinen Einfluß mehr auf die Festigkeitseigenschaften der Stähle haben dürfte, z. B. beim Reinigungsstrahlen von Schiffsblechen.

7.3 Der Einfluß der Strahlbedingungen auf die Aufrauhung

In einer grundlegenden Untersuchung [18] wurde die Oberflächenrauhigkeit der Bänder von vier verschiedenen Werkstoffen nach Strahlen mit verschiedenen Umfangsgeschwindigkeiten des Schleuderrades sowie verschiedenen Strahlzeiten und Bedeckungsgraden gemessen. Dazu wurden die Reststücke der zur Härtemessung [18] geteilten Proben verwendet. Alle Werte wurden aus fünf Einzelmessungen gemittelt.
Die Diagramme der Abb. 70 und 71 zeigen die Abhängigkeit der Rautiefe R von der Umfangsgeschwindigkeit für die vier Stähle nach vollständigem Entzundern. Danach wächst die Rauhigkeit bei Erhöhung der Umfangsgeschwindigkeit von etwa 15 auf 35 μ an. Dieses Ergebnis deckt sich mit Werten, die in den Betrieben mit üblichen Schleuderrad-Drehzahlen erreicht werden. Nach einer Faustformel beträgt die Rauhigkeit etwa 0,1mal der verwendeten Drahtkorngröße[3].
Bei Verringerung der Umfangsgeschwindigkeit des Schleuderrades auf etwa 20 m/s kann eine Rautiefe von 15 μ erreicht werden. Da die Rauhigkeit der Bandoberfläche nach dem Beizen ebenfalls etwa 15 μ beträgt, dürfte damit der als Nachteil des Strahlverfahrens angesehene Einwand entkräftet sein, wonach durch dieses

[3] Nach persönlicher Mitteilung von Herrn P. U. Schmithals.

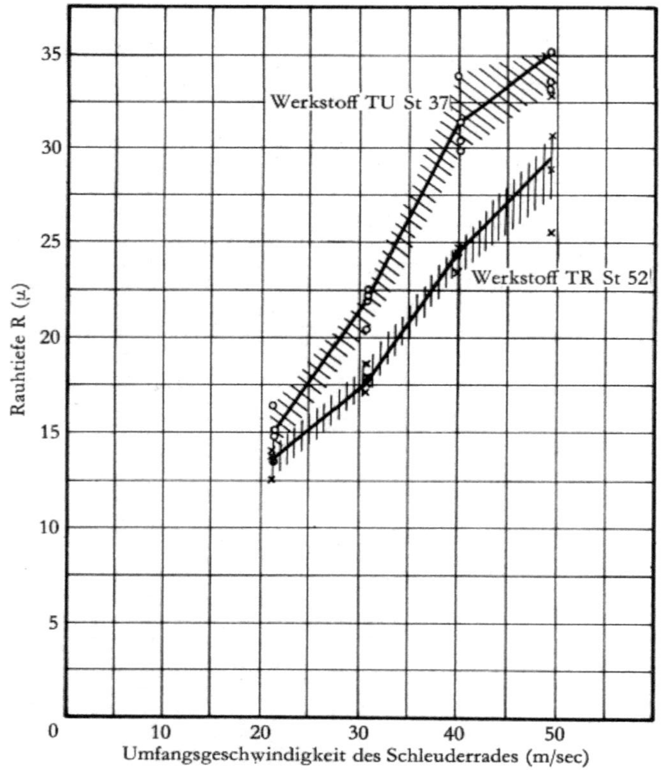

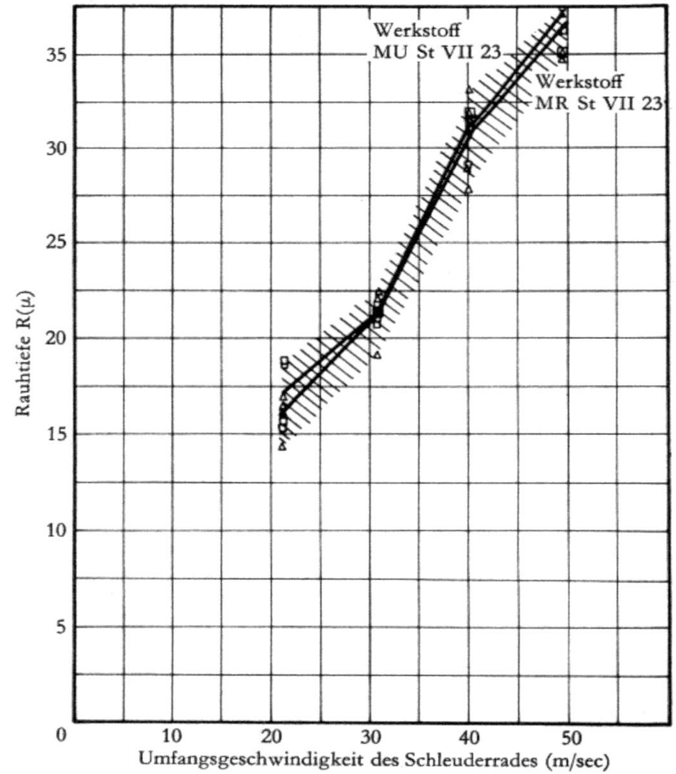

Abb. 70 und 71 Rauhtiefe R in Abhängigkeit von der Umfangsgeschwindigkeit des Schleuderrades nach vollständiger Entzunderung

Abb. 72 48,5 m/s

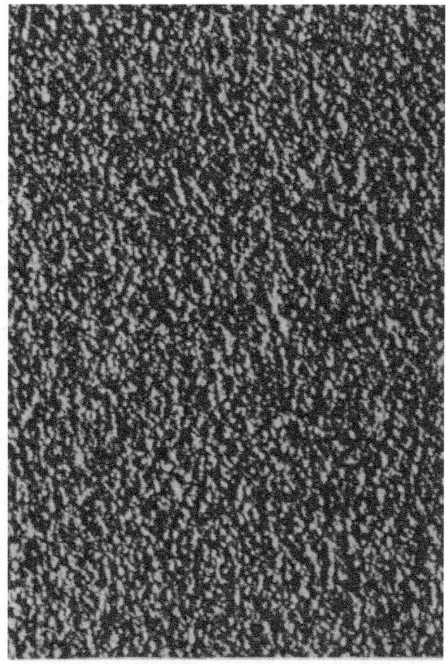

Abb. 73 40,0 m/s

Abb. 74 30,6 m/s

Abb. 75 21,2 m/s

Gestrahlte Probenoberfläche nach vollständiger Entzunderung bei verschiedenen Umfangsgeschwindigkeiten des Schleuderrades; Werkstoff: MU St VII 23

eine zu große Rauhtiefe hervorgerufen wird. Die Abb. 59 und 60 zeigen deutlich die Rauhigkeitsunterschiede nach dem Strahlen mit sehr verschiedenen Umfangsgeschwindigkeiten. Die tatsächlichen Profile sind dabei jeweils den Profilaufzeichnungen des Perth-O-Meters in gleicher Vergrößerung gegenübergestellt. Es ist zu erkennen, daß zwar die Rautiefe und die allgemeine Form des Profils in beiden Fällen ungefähr übereinstimmen, aber die Unterhöhlungen durch umgeschlagene Spitzen beim Rauhigkeitsmessen nicht erfaßt werden. Nach Anwenden der geringsten Umfangsgeschwindigkeit treten keine eigentlichen Spitzen an der Oberfläche auf (Abb. 60), sondern nur noch schwache Wölbungen. Durch das Fehlen der scharfen Grate können auch keine Unterhöhlungen zustande kommen, so daß für diese geringe Rauhtiefe die Profilaufzeichnung des Perth-O-Meters gut brauchbar ist.

Die Abb. 72–75 zeigen die Veränderung des Aussehens der vollständig entzunderten Oberflächen nach dem Strahlen bei veränderten Schleuderrad-Umfangsgeschwindigkeiten. Rein augenscheinlich wird die Oberfläche bei größeren Umfangsgeschwindigkeiten bedeutend stärker aufgerauht.

Eine weitere Untersuchung [18] befaßt sich mit der Aufrauhung metallisch reiner Oberflächen bei verschiedenen Strahlbedingungen. Dazu wurden nur die Werkstoffe TU St 37 und TR St 52 herangezogen, weil bei diesen beiden Stählen der Einfluß der Ausgangshärte des Materials auf die Rauhigkeit zweckmäßig ermittelt werden kann. Die Proben wurden jeweils 1, 2, 4, 8, 16, 32, 64 und 128 sec lang bei vier Schleuderrad-Umfangsgeschwindigkeiten und Strahlmittel-Durchsätzen gestrahlt. Im Falle des Materials TR St 52 wurde für jede Umfangsgeschwindigkeit nur ein Durchsatz eingestellt.

In den Diagrammen der Abb. 76–79 wurden die Rauhtiefen über der Strahlzeit bei verschiedenen Bedeckungsgraden und Umfangsgeschwindigkeiten aufgetragen. Die Rauhtiefe der ungestrahlten Proben betrug 3–4 μ. Aus den Abbildungen ist zu ersehen, daß die Strahlzeit nur zu Beginn des Strahlens bis zu einer Strahlzeit von etwa 20 sec Einfluß auf die Rauhtiefe hat (eine Ausnahme macht der TR St 52 in Abb. 76). Nach dieser Strahlzeit bleibt die Rauhtiefe praktisch konstant. Auch ergab sich kein nennenswerter Einfluß des Bedeckungsgrades auf die Rauhtiefe. Die tiefer liegenden Kurvenzüge des Stahls TR St 52 zeigen, daß dieser härtere Stahl eine geringere Aufrauhung erfährt als der Stahl TU St 37.

In Abb. 80 wurde die Rautiefe in Abhängigkeit von der Umfangsgeschwindigkeit des Schleuderrades bei einer Strahlzeit von 40 sec für die beiden genannten Werkstoffe aufgetragen. Auch hier zeigt sich, wie schon bei den Messungen nach vollständiger Entzunderung (Abb. 70), ein Anstieg der Rauhtiefe mit größer werdender Umfangsgeschwindigkeit. Ein Unterschied in der Rauhtiefe gegenüber den vorher verzundert gewesenen Oberflächen ist dabei nicht zu erkennen.

Aus einer Reihe von Messungen wurde der Völligkeitsgrad $k = R_m/R$ (nach DIN 4762) bestimmt. Er hat, unabhängig vom Material und den Strahlbedingungen, fast immer die gleiche Größe 0,7; das bedeutet gemäß der Definition, daß 75% zwischen Hüll- und Grundlinie des in der Profilfläche geschnittenen Materials mit Werkstoff ausgefüllt ist.

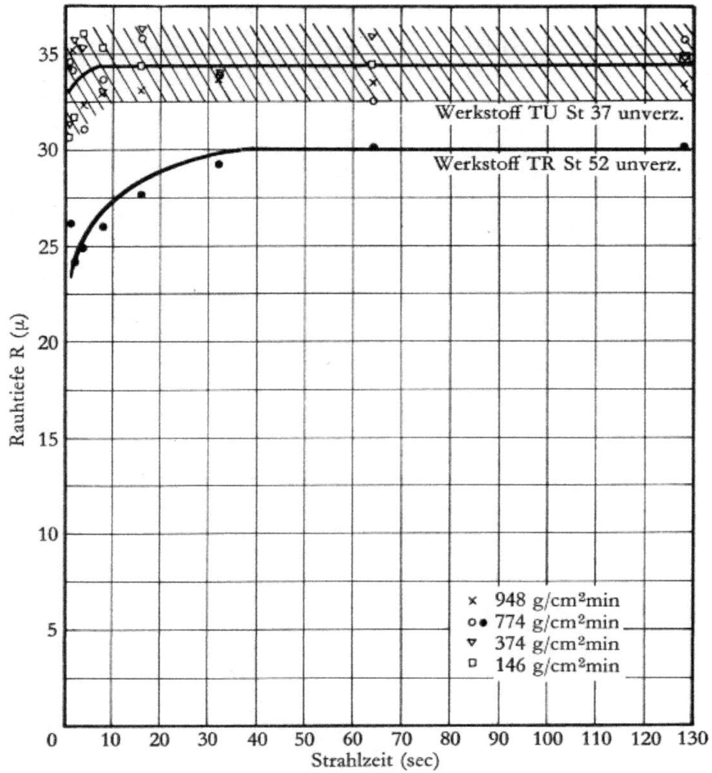

Abb. 76 Umfangsgeschwindigkeit des Schleuderrades 49,5 m/s

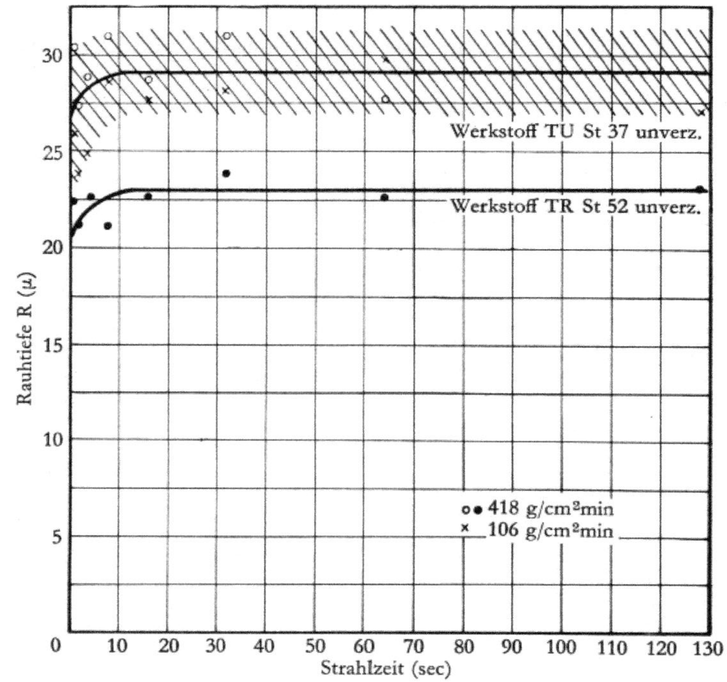

Abb. 77 Umfangsgeschwindigkeit des Schleuderrades 40,0 m/s

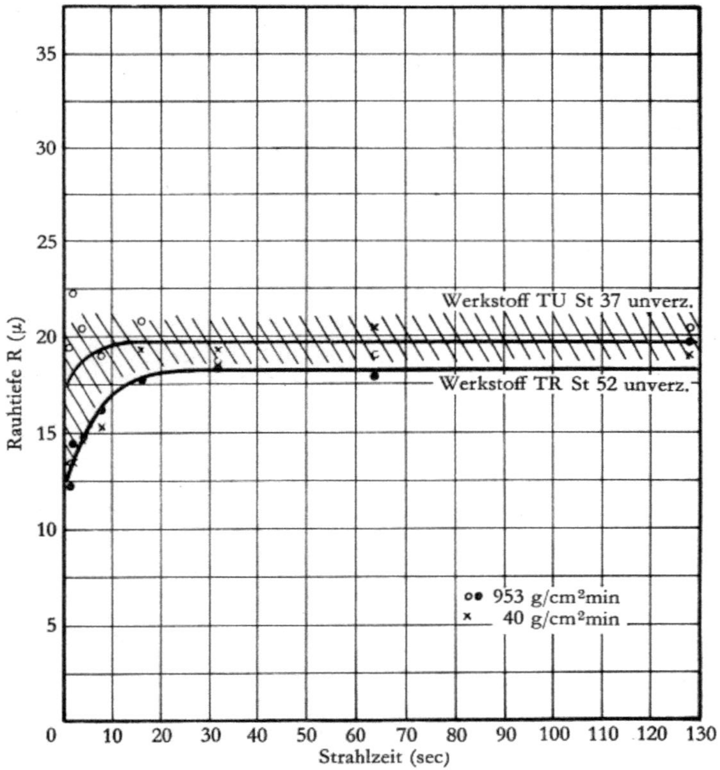

Abb. 78 Umfangsgeschwindigkeit des Schleuderrades 30,6 m/s

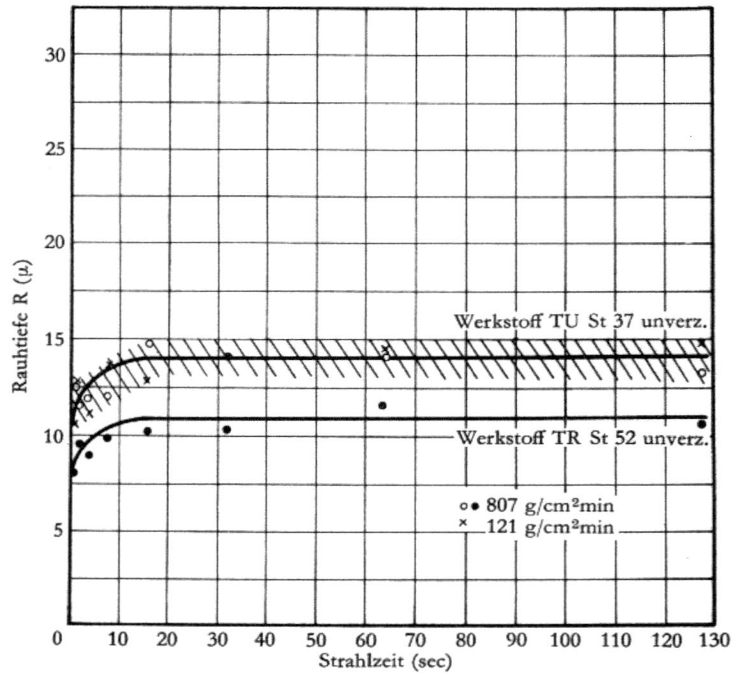

Abb. 79 Umfangsgeschwindigkeit des Schleuderrades 21,2 m/s

Abb. 76–79 Rauhtiefe R in Abhängigkeit von der Strahlzeit bei verschiedenen Bedeckungsgraden

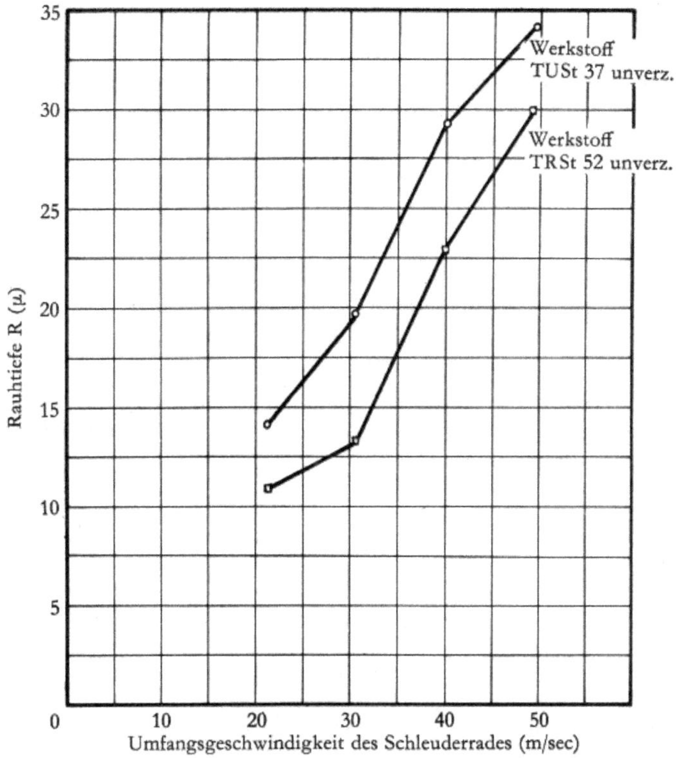

Abb. 80 Rauhtiefe R in Abhängigkeit von der Umfangsgeschwindigkeit des Schleuderrades bei einer Strahlzeit von 40 sec

Alle Bemühungen, Kornform und -größe des Strahlmittels mit dem Völligkeitsgrad in Beziehung zu bringen, sind leider fehlgeschlagen. Daher kann vorerst nur die Feststellung gemacht werden, daß der Völligkeitsgrad beim mechanischen Strahlentzundern weitgehend konstant ist.

Eine Reihe von Rauhigkeitsmessungen wurde an zwölf verschiedenen Bändern aus niedrig gekohlten Siemens-Martin-Stählen nach dem Strahlen gemacht [19]. Die Strahlbedingungen waren:

Stahldrahtkorn mit $\sigma_B = 160$–180 kg/mm²:	0,4 mm ∅
Auftreffgeschwindigkeit des Strahlmittels:	55 m/s
Band-Durchlaufgeschwindigkeit:	4–7 m/min
Strahlmittel-Durchsatz:	130–175 kg/min

Die Messungen ergaben durchschnittlich eine mittlere Rauhtiefe von 25 μ für alle Bänder.

Durch ein Nachstrahlen mit einer Durchlaufgeschwindigkeit von 2 bis 4 m/min, Strahlmittel-Durchsätzen von 175 bis 250 kg/min und der sehr niedrigen Umfangsgeschwindigkeit des Schleuderrades von etwa 20 m/s wurde durchweg eine Rauhtiefe von etwa 20 μ erreicht [21]. Vor dem Nachstrahlen hatten die Warmbänder eine Rauhigkeit von etwa 30 μ (20 μ entspricht einer Rauhigkeit, die der nach einer Beizbehandlung nahekommt). Natürlich erscheint die Wirtschaftlichkeit eines Nachstrahlens in der Praxis zweifelhaft.

Ferner wurde die Abhängigkeit der Rauhtiefe von der Schleuderrad-Drehzahl bei verschiedenen Strahlmittel-Durchsätzen und Strahlmitteln an Plättchen eines niedrig gekohlten Stahls geprüft [20]. Die 4 mm dicken Plättchen wurden an der Oberfläche geschliffen und auf einem Einspannblock unter dem Schleuderrad befestigt, so daß ein Strahlauftreffwinkel von etwa 90° erreicht wurde. Bei allen Versuchen betrug die Strahlzeit 15 sec; Schleuderradwagen und Drehtisch wurden nicht bewegt.

Es ergab sich, daß die Rauhigkeit mit steigender Schleuderrad-Drehzahl eindeutig ansteigt, desgleichen mit zunehmender Korngröße des Strahlmittels (Abb. 81). Die Wirkung des Hartgußkies K 13 auf die Rauhtiefe war von der des Stahldrahtkorns mit 0,6 mm ∅ (nicht in die Abb. 81 eingetragen) nicht zu unterscheiden.

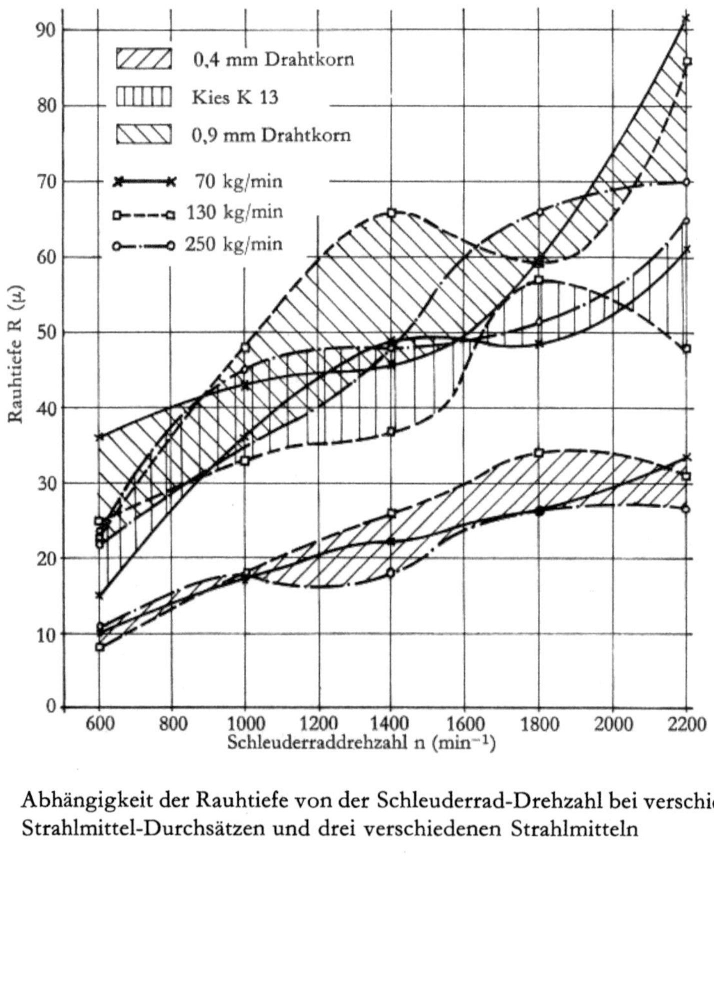

Abb. 81 Abhängigkeit der Rauhtiefe von der Schleuderrad-Drehzahl bei verschiedenen Strahlmittel-Durchsätzen und drei verschiedenen Strahlmitteln

Auch eine eindeutige Abhängigkeit der Rauhtiefe vom Strahlmitteldurchsatz oder Bedeckungsgrad konnte nicht ermittelt werden, denn die Kurvenzüge großer und kleiner Durchsätze überschneiden sich teilweise.

Der Kies hat bei der niedrigsten Drehzahl des Schleuderrades gemäß seinen größeren Abmessungen auch eine relativ höhere Rauhtiefe im Vergleich zu Drahtkorn 0,9 mm ∅. Bei größeren Drehzahlen tritt das Umgekehrte ein: Der Mittelwert der Rauhtiefe liegt bei Verwendung von Kies und einer Drehzahl von 2000 min^{-1} um etwa 25 μ niedriger als bei Gebrauch des Drahtkorns mit 0,9 mm ∅. Man kann annehmen, daß der Kies bei der erhöhten Auftreffenergie zerspringt und die Wirkung eines Strahlmittels kleinerer Korngröße zeigt.

Mit Hilfe einer Reihe von Rauhigkeitsmessungen an gebeiztem und strahlentzundertem Warmband sollte überprüft werden, ob sich die Art der Entzunderung auch noch nach verhältnismäßig hohen Kalt-Walzgraden auf die Gestalt und das Aussehen der Oberfläche auswirkt [11].

Das gebeizte Warmband wurde innerhalb des normalen Betriebsablaufes in einer kontinuierlichen Schwefelsäurebeize entzundert. Ein Teil des gleichen Warmbandes wurde mit einer Band-Durchlaufgeschwindigkeit von 4 m/min und arrondiertem Drahtkorn 0,4 mm ∅ (HV = 450–550 kg/mm^2) strahlentzundert, und zwar lief das Band unter diesen Bedingungen geradlinig durch die Anlage, d. h., die Hauptmenge des Strahlmittels traf senkrecht auf die Bandoberfläche auf. Ferner wurde ein weiterer Abschnitt des gleichen Warmbandes bei einer verminderten Durchlaufgeschwindigkeit von 1,8 m/min schräg gestrahlt. Dabei lief das Band unter einer Schräglage von 30° in die Anlage ein; der Auslaufwinkel betrug 60°. Das Strahlmittel entzundert dann mit vorwiegend schabender Wirkung »sanfter«. Deshalb wurde der Bedeckungsgrad gegenüber dem gerade gestrahlten Band erhöht, indem die Durchlaufgeschwindigkeit verringert wurde.

Die Tab. 2, 3, 4 und 5 enthalten die Rauhigkeitswerte des Bandes vor dem Kalt-Walzen und nach verschiedenen Stichabnahmen, und zwar quer und längs zur Walzrichtung gemessen.

Beide Strahlbedingungen führten zunächst zu einer wesentlich rauheren Oberfläche als der Beizvorgang. Es ergaben sich beim Strahlen R-Werte in der Größenordnung von 20 bis 30 μ, beim Beizen dagegen nur etwa 10 μ. Die Glättungstiefen machten durchweg etwa ein Drittel der Rauhtiefen aus (Tab. 2). Daraus ergaben sich Völligkeitsgrade im Bereich von ca. 0,6 bis 0,8; wobei das gebeizte Band größere Völligkeitswerte lieferte. Dieses Ergebnis ist auch augenscheinlich aus der Profilaufschreibung in den Abb. 82, 83 und 84 erkennbar.

Die im Ausgangszustand 2,9 mm dicken Warmbandabschnitte wurden nach dem Kalt-Walzen um insgesamt $\varphi_h = 92\%$, entsprechend $h_1 = 1{,}15$ mm (Tab. 3), $\varphi_h = 175\%$, entsprechend $h_1 = 0{,}5$ mm (Tab. 4), und $\varphi_h = 212\%$ mit einem zugehörigen $h_1 = 0{,}3$ mm (Tab. 5) hinsichtlich ihrer Rauhigkeit geprüft.

Nach dem Walzen auf 1,15 mm und 0,5 mm waren die verschieden hohen Ausgangsrauhigkeiten erstaunlicherweise noch nicht auf einen einheitlichen Wert eingeebnet. Die Messung ergab nach dem Walzen auf 0,3 mm Dicke im Falle des gerade gestrahlten Bandes ebenfalls noch geringfügig größere Rauhigkeiten, die aber praktisch als unwesentlich anzusprechen sind (Tab. 5). Dennoch ist der

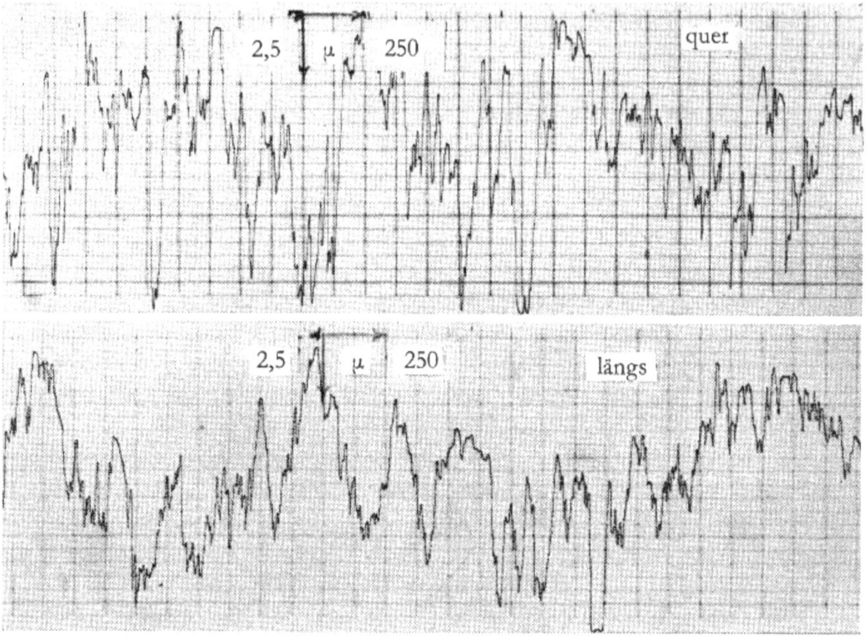

Abb. 82 Perth-O-Meter-Profilaufschreibung eines gebeizten Warmbandes, quer und längs zur Walzrichtung (zu Tab. 2)

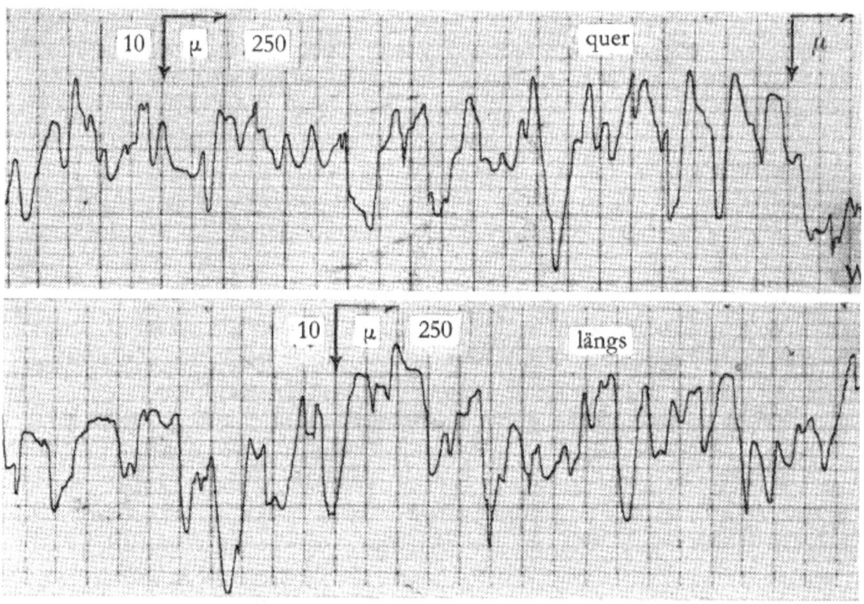

Abb. 83 Perth-O-Meter-Profilaufschreibung eines schräg gestrahlten Warmbandes, quer und längs zur Walzrichtung (zu Tab. 2)

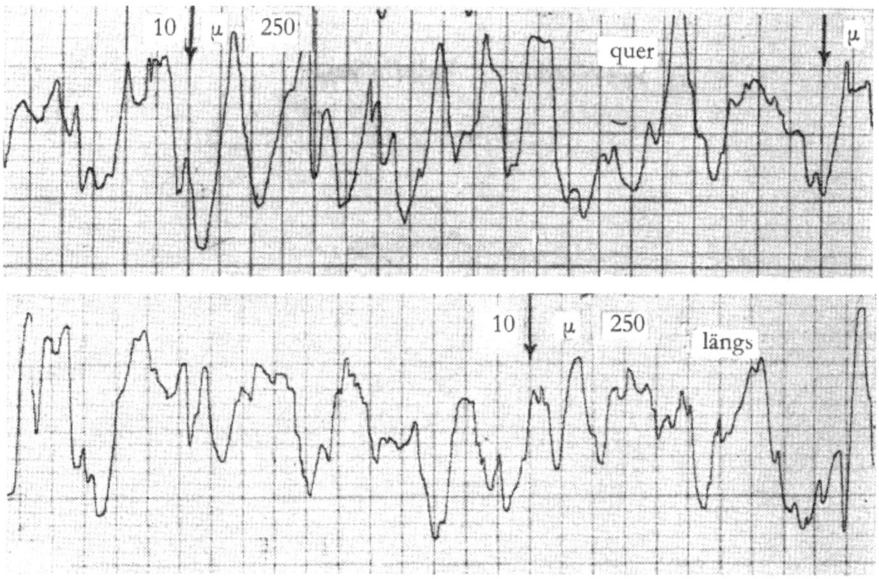

Abb. 84 Perth-O-Meter-Profilaufschreibung eines gerade gestrahlten Warmbandes, quer und längs zur Walzrichtung
(zu Tab. 2)

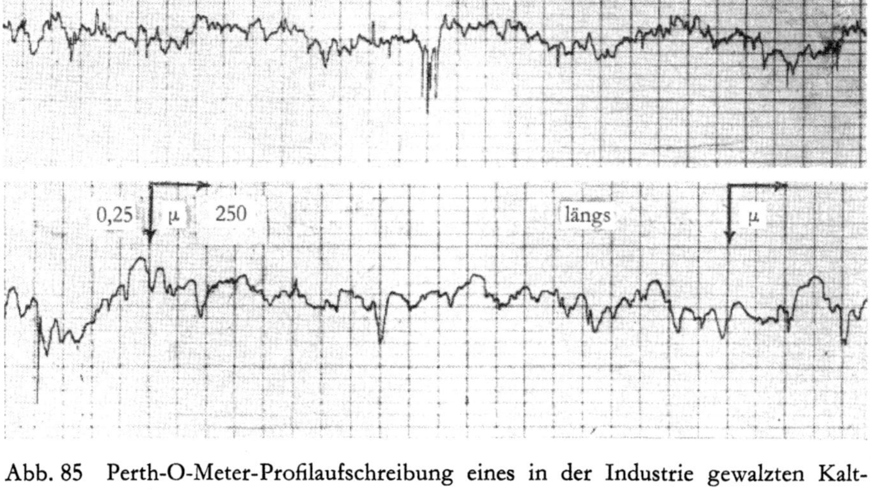

Abb. 85 Perth-O-Meter-Profilaufschreibung eines in der Industrie gewalzten Kaltbandes; $\varphi_h = 212\%$; quer und längs zur Walzrichtung; entzundert durch Beizen
(zu Tab. 5)

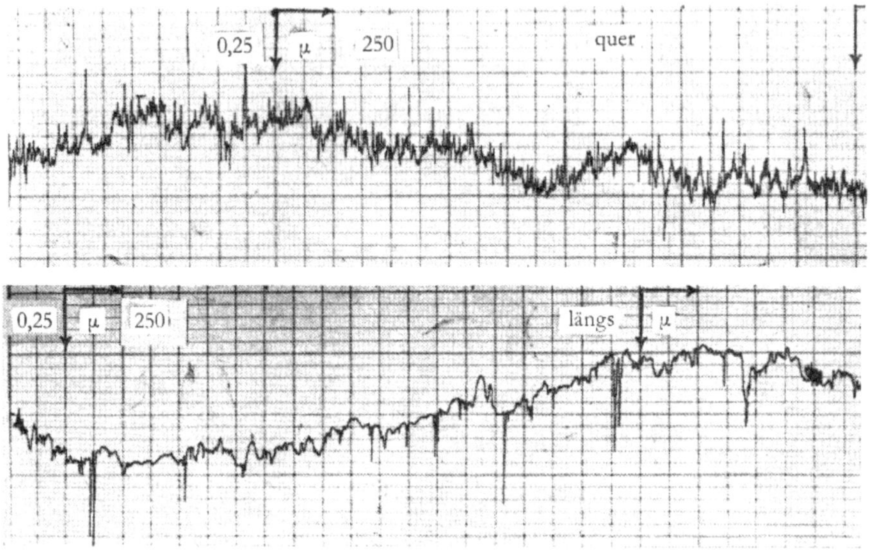

Abb. 86 Perth-O-Meter-Profilaufschreibung eines in der Industrie gewalzten Kaltbandes; $\varphi_h = 212\%$; quer und längs zur Walzrichtung; entzundert durch gerades Strahlen
(zu Tab. 5)

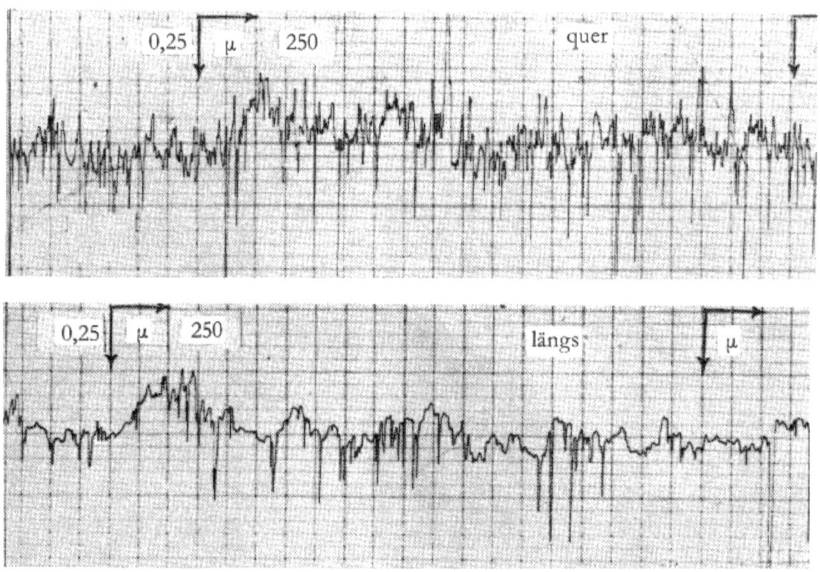

Abb. 87 Perth-O-Meter-Profilaufschreibung eines im Labor gewalzten Kaltbandes; $\varphi_h = 92\%$; quer und längs zur Walzrichtung; entzundert durch Beizen
(zu Tab. 3)

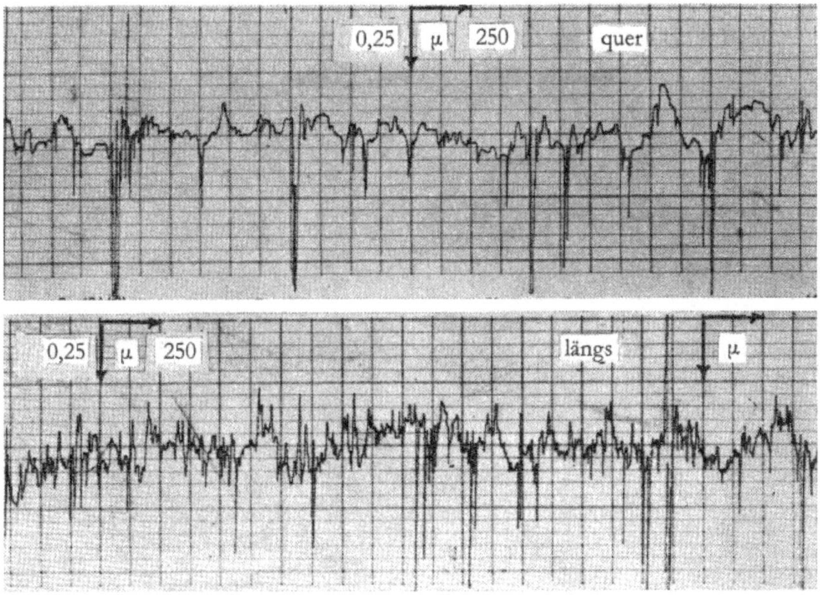

Abb. 88 Perth-O-Meter-Profilaufschreibung eines im Labor gewalzten Kaltbandes; $\varphi_h = 92\%$; quer und längs zur Walzrichtung; entzundert durch schräges Strahlen
(zu Tab. 3)

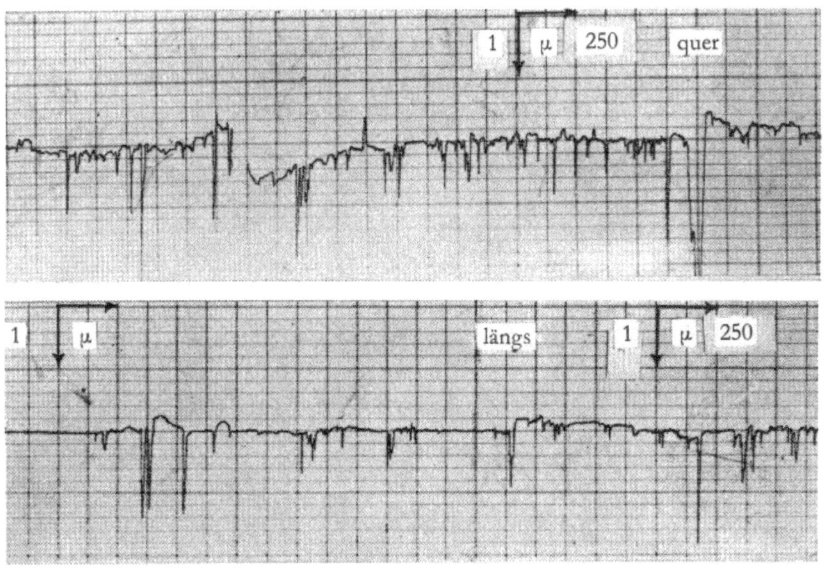

Abb. 89 Perth-O-Meter-Profilaufschreibung eines im Labor gewalzten Kaltbandes; $\varphi_h = 92\%$; quer und längs zur Walzrichtung; entzundert durch gerades Strahlen
(zu Tab. 3)

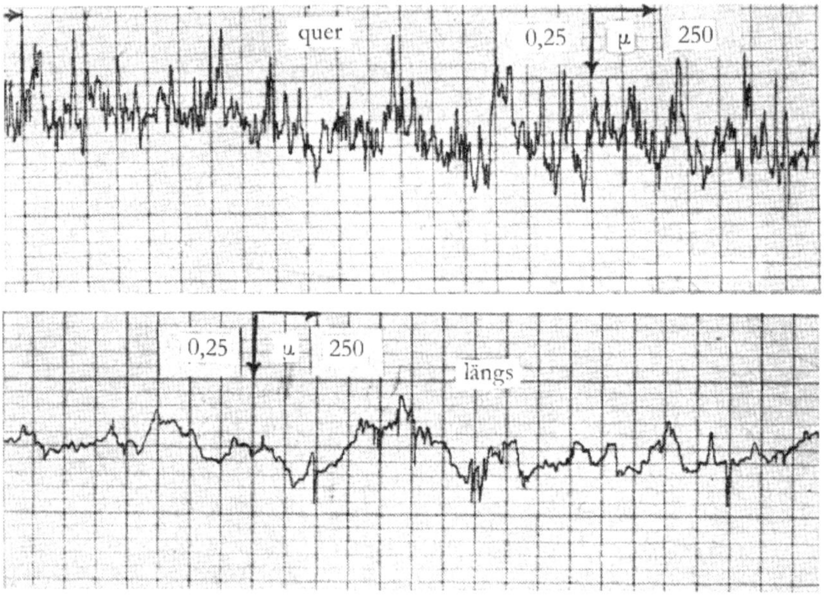

Abb. 90 Perth-O-Meter-Profilaufschreibung eines im Labor gewalzten Kaltbandes; $\varphi_h = 175\%$; quer und längs zur Walzrichtung; entzundert durch Beizen (zu Tab. 4)

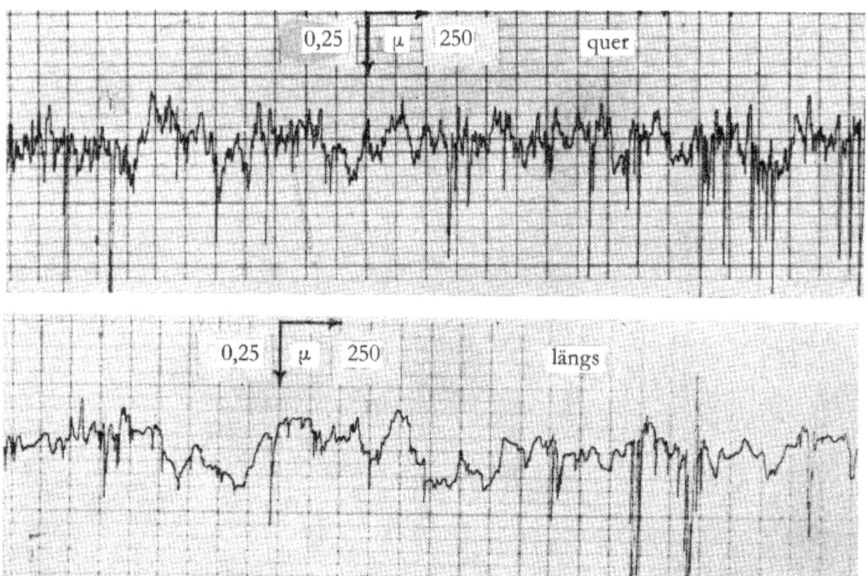

Abb. 91 Perth-O-Meter-Profilaufschreibung eines im Labor gewalzten Kaltbandes; $\varphi_h = 175\%$; quer und längs zur Walzrichtung; entzundert durch schräges Strahlen
(zu Tab. 4)

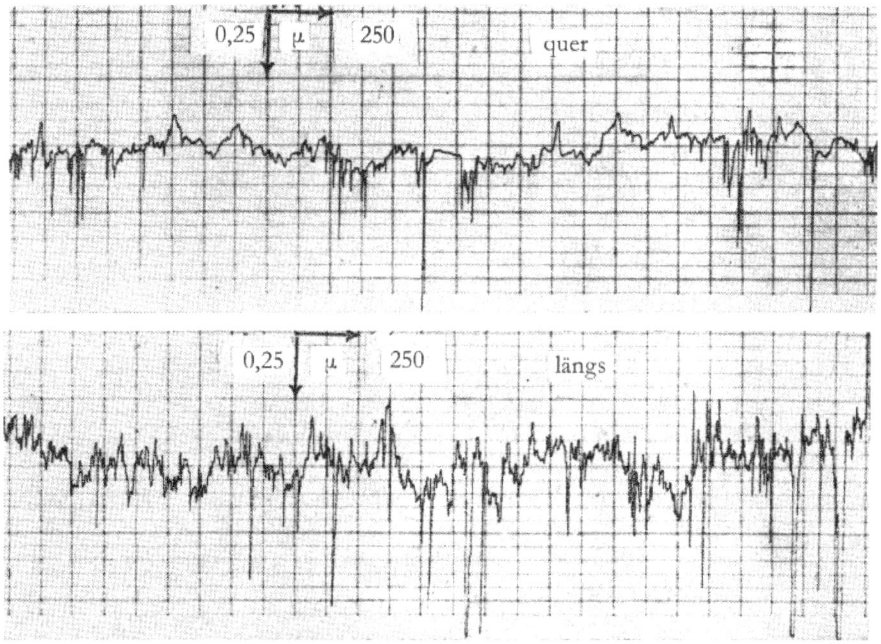

Abb. 92 Perth-O-Meter-Profilaufschreibung eines im Labor gewalzten Kaltbandes; $\varphi_h = 175\%$; quer und längs zur Walzrichtung; entzundert durch gerades Strahlen (zu Tab. 4)

Unterschied schon bei augenscheinlicher Betrachtung der Profilaufschreibungen sowohl für die Quer- als auch für die Längsrichtung des Bandes zu erkennen (Abb. 85 und 86).

Wiederum sind die Werte für den Völligkeitsgrad k beim gebeizten Band etwas größer als bei strahlentzundertem Band.

Nach den Walzungen auf die Dicken von 1,15 und 0,5 mm konnte ferner festgestellt werden, daß die längs zur Walzrichtung gemessenen Rauhigkeitswerte fast alle unter jenen liegen, die in Querrichtung ermittelt wurden. Die zugehörigen Profilaufzeichnungen (Abb. 87, 88 und 89) zeigen auch deutlich die unterschiedliche Gestalt der Oberfläche. Augenfällig ist die besonders weit fortgeschrittene Einebnung der Rauhigkeitsspitzen bei der gebeizten Probe längs zur Walzrichtung (Abb. 85 und 90). Ein besonderer Vorteil des Schrägstrahlens im Vergleich zum Strahlen mit waagerechtem Durchlauf des Bandes durch die Kammer konnte keineswegs herausgefunden werden (Abb. 91 und 92). Wohl aber kann gesagt werden, daß selbst noch nach der logarithmischen Stichformänderung von etwa 200% das gebeizte Band eine intensiver glänzende Oberfläche zeigte als das strahlentzunderte. Das gestrahlte Band ließ an der 0,3 mm dicken Probe Riefen erkennen, die deutlich die Walzrichtung verraten. Dieser Effekt kann nicht von der Oberflächengüte der verwendeten Walzen oder einer unterschiedlichen Schmierung herrühren. Bekanntlich beeinflussen beide Bedingungen die Oberfläche des Walzgutes beim Kalt-Walzen wesentlich.

Tab. 1 Festigkeitswerte von Warmband vor und nach dem Strahlentzundern (MU St VII 23; Banddicke: 2,7 mm)

Zustand der Probe	σ_s [kg/mm²]	σ_B [kg/mm²]	δ_{10} [%]
ungestrahlt	27,1	35,3	31,9
entzundert bei 21,2 m/s	27,0	34,2	31,9
	26,9	35,0	31,5
entzundert bei 49,5 m/s	28,9	37,0	30,5
	28,1	36,0	29,2

Tab. 2 Rauhigkeitsmittelwerte eines Warmbandes nach dem Entzundern durch Beizen und Strahlen (2,9 mm dick)

Tab. 3 Rauhigkeitsmittelwerte eines von $h_0 = 2{,}9$ mm *auf* $h_1 = 1{,}15$ mm *kalt gewalzten Bandes nach dem Walzen*

Tab. 4 Rauhigkeitsmittelwerte eines von $h_0 = 2{,}9$ mm *auf* $h_1 = 0{,}5$ mm *kalt gewalzten Bandes nach dem Walzen*

Tab. 5 Rauhigkeitsmittelwerte eines in der Industrie von $h_0 = 2{,}9$ mm *auf* $h_1 = 0{,}3$ mm *kalt gewalzten Bandes nach dem Walzen*

Tabelle:	2		3		4		5	
	q	l	q	l	q	l	q	l
R [μ]	12	11	0,65	0,65	0,60	0,40	0,30	0,30
G [μ]	2,5	3	0,18	0,10	0,10	0,10	0,08	0,10
R_m [μ]	9,5	8	0,47	0,55	0,50	0,30	0,22	0,20

a) gebeiztes Warmband

	q	l	q	l	q	l
R [μ]	20	23	1,00	0,90	0,80	0,60
G [μ]	7,5	9	0,18	0,15	0,18	0,15
R_m [μ]	12,5	14	0,82	0,75	0,62	0,45

b) schräg gestrahltes Warmband

	q	l	q	l	q	l	q	l
R [μ]	25	30	1,80	1,20	0,65	0,50	0,40	0,45
G [μ]	8	9,5	0,25	0,22	0,12	0,12	0,15	0,15
R_m [μ]	17	20,5	1,55	0,90	0,53	0,38	0,25	0,30

c) gerade gestrahltes Warmband

q = quer zur Walzrichtung gemessen
l = längs zur Walzrichtung gemessen
R = Rauhtiefe [μ]
G = Glättungstiefe [μ]
$R_m = R - G$

Tab. 6 Walzdruckkräfte und Drehmomente beim Kalt-Walzen von gebeiztem und gestrahltem Warmband mit einer Ausgangshöhe von $h_0 = 2,9$ mm

gebeiztes Band						schräg gestrahltes Band						gerade gestrahltes Band					
h_0 [mm]	h_1 [mm]	Δh [mm]	φ_h [%]	P_{mittel} [t]	Md_{mittel} [mkg]	h_0 [mm]	h_1 [mm]	Δh [mm]	φ_h [%]	P_{mittel} [t]	Md_{mittel} [mkg]	h_0 [mm]	h_1 [mm]	Δh [mm]	φ_h [%]	P_{mittel} [t]	Md_{mittel} [mkg]
2,68	2,54	0,14	5,3	60	235	2,68	2,55	0,13	5,0	64	284	2,68	2,55	0,13	5,0	64	285
2,22	2,06	0,16	6,6	85	390	2,23	2,08	0,15	6,9	92	445	2,23	2,07	0,16	7,2	89	425
1,38	1,31	0,07	5,1	82	335	1,39	1,31	0,08	5,8	95	345	1,38	1,30	0,08	5,8	90	350
0,99	0,93	0,06	6,3	64	182	0,99	0,92	0,07	7,2	74	225	0,99	0,93	0,06	6,3	72	235
0,80	0,76	0,04	5,1	57	152	0,80	0,76	0,04	5,1	63	204	0,79	0,75	0,04	5,1	64	198
0,60	0,58	0,02	3,3	48	124	0,60	0,58	0,02	3,3	50	170	0,61	0,59	0,02	3,3	48	150

Während des Kalt-Walzens wurden am Versuchswalzwerk die Walzdruckkraft und das Drehmoment an den Kuppelspindeln gemessen und die Messungen dann ausgewertet, wenn die Gesamt-Stichabnahme und die Einzel-Stichabnahme im Falle der gebeizten und der gestrahlten Probe genau oder annähernd genau gleich waren. Das gelang sechsmal nach jeweils verschiedener Stichzahl, denn bei gleicher Anstellung der Walzen wurden bei den gestrahlten Bändern kleinere Abnahmen erzielt als bei gebeiztem Band. Das deutete von vornherein auf eine größere Aufrauhung des Walzgutes und erhöhten Reibungskoeffizienten sowie Kraftbedarf hin, so daß die Stichabnahmen infolge größerer Walzendurchbiegung und elastischer Dehnung der Gerüstelemente kleiner werden mußten. Die Auswertung der Messungen bestätigte das bis zum Erreichen der Banddicke $h_1 = 0{,}8$ mm, entsprechend einer Stichformänderung $\varphi_h \cong 130\%$ (Tab. 6). Somit äußert sich die mit dem Perth-O-Meter festgestellte unterschiedliche Rauhigkeit bei gebeiztem und gestrahltem Band auch praktisch beim Walzen. Walzdruckkraft- und Drehmoment-Werte lagen bei den gestrahlten Bandabschnitten bis zu der genannten Gesamtabnahme in dem in der Industrie üblichen Bereich, jedoch höher als bei den durch Beizen entzunderten. Eine unterschiedliche Wirkung beider Strahlbedingungen auf Kraft- und Drehmomentbedarf konnte, wie bei den Rauhigkeitsmessungen, ebenfalls nicht erkannt werden.

Es bleibt fraglich, ob sich die Oberfläche beim Kalt-Walzen schneller einebnet bzw. sich die Rauhigkeit im Ausgangszustand weniger auswirkt, wenn größere Einzelabnahmen gewählt werden, so wie sie in der Praxis üblich sind. Wie Tab. 6 zeigt, konnten am Versuchswalzwerk bei einer Bandbreite von 210 mm nur Stichabnahmen bis zu etwa $\varphi_h = 7\%$ verwirklicht werden.

7.4 Einfluß der Strahlbedingungen auf die Materialabtragung

Die Materialabtragung der reinen Oberfläche ist beim Strahlen eine unerwünschte Erscheinung. Zweck der Versuche sollte es daher sein, diesen Verlust unter Anwendung verschiedener Strahlbedingungen quantitativ zu erfassen.

Bei der Durchführung der Untersuchungen [18] wurde wie folgt vorgegangen: Zunächst wurde die zu strahlende Oberfläche gemessen und die Probe gewogen. Nach Strahlzeiten von 5, 10, 20, 40, 60, 100, 150 und 250 sec wurden die Proben wiederum gewogen. Aus der Differenz ergab sich die Gewichtsänderung und, bezogen auf die Probenoberfläche, damit die Materialabtragung in mg/cm^2.

Die Versuche wurden nur mit den Werkstoffen TU St 37 und TR St 52 angestellt, um den Einfluß der Härte erfassen zu können.

In den Diagrammen der Abb. 93–100 ist die Materialabtragung in Abhängigkeit von der Strahlzeit bei verschiedenen Bedeckungsgraden für die beiden Werkstoffe und vier verschiedene Umfangsgeschwindigkeiten des Schleuderrades dargestellt worden. Mit länger werdender Strahlzeit ergab sich eine zu Anfang weniger als linear zunehmende, dann linear ansteigende Materialabtragung. Auch ein erhöhter Bedeckungsgrad verstärkte das Abtragen.

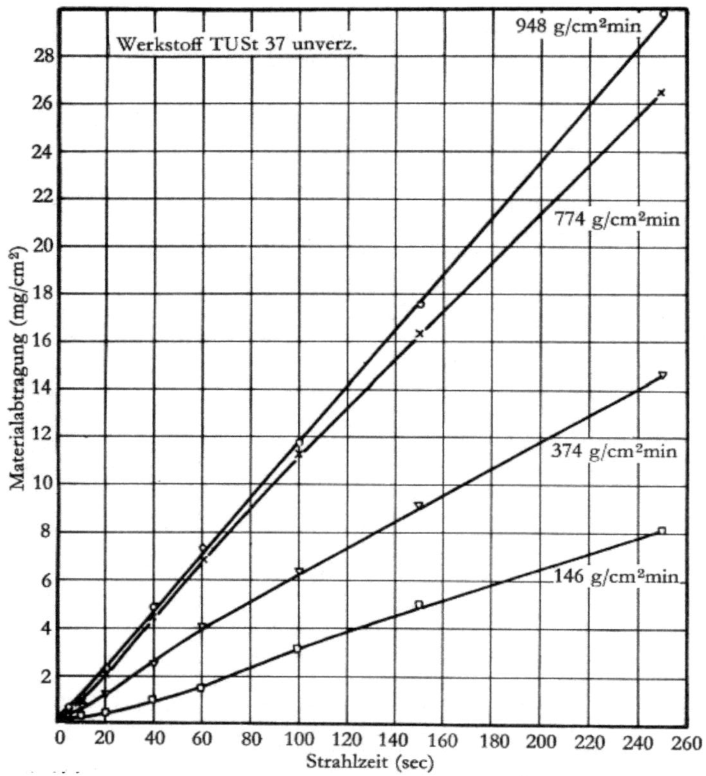

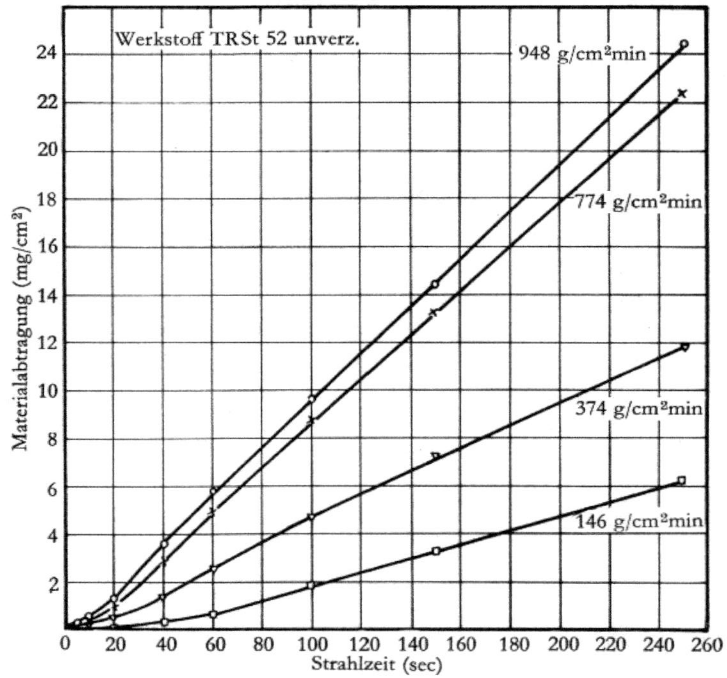

Abb. 94

Abb. 93 und 94 Materialabtragung in Abhängigkeit von der Strahlzeit bei verschiedenen Bedeckungsgraden Umfangsgeschwindigkeit des Schleuderrades: 49,5 m/s

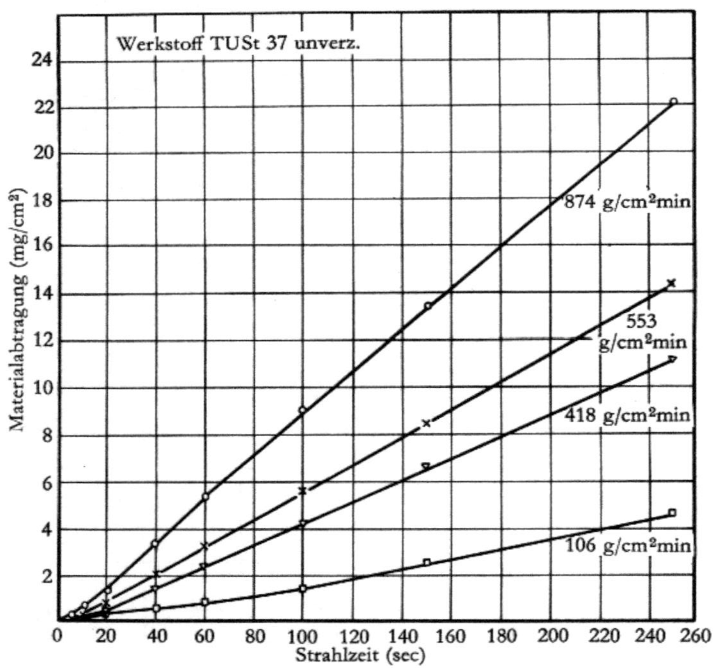

Abb. 95

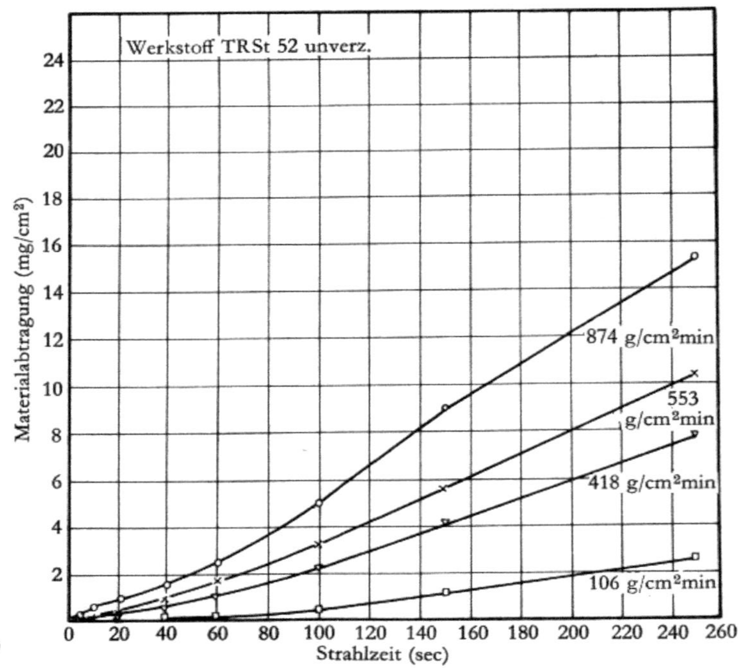

Abb. 96

Abb. 95 und 96 Materialabtragung in Abhängigkeit von der Strahlzeit bei verschiedenen Bedeckungsgraden Umfangsgeschwindigkeit des Schleuderrades: 40,0 m/s

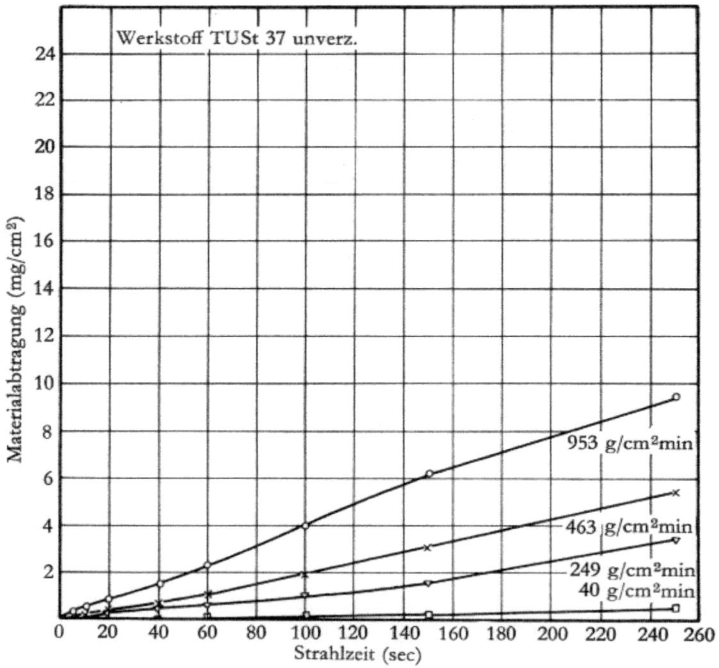

Abb. 97

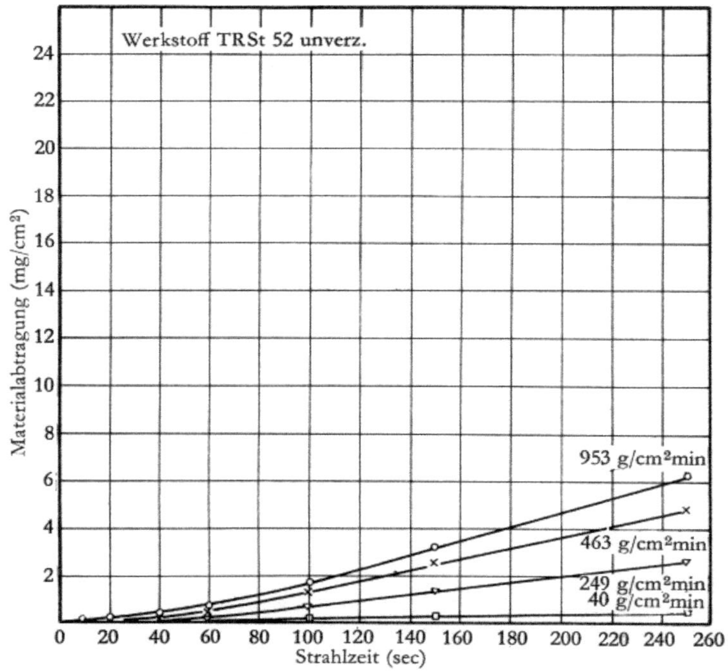

Abb. 98

Abb. 97 und 98 Materialabtragung in Abhängigkeit von der Strahlzeit bei verschiedenen Bedeckungsgraden
Umfangsgeschwindigkeit des Schleuderrades: 30,6 m/s

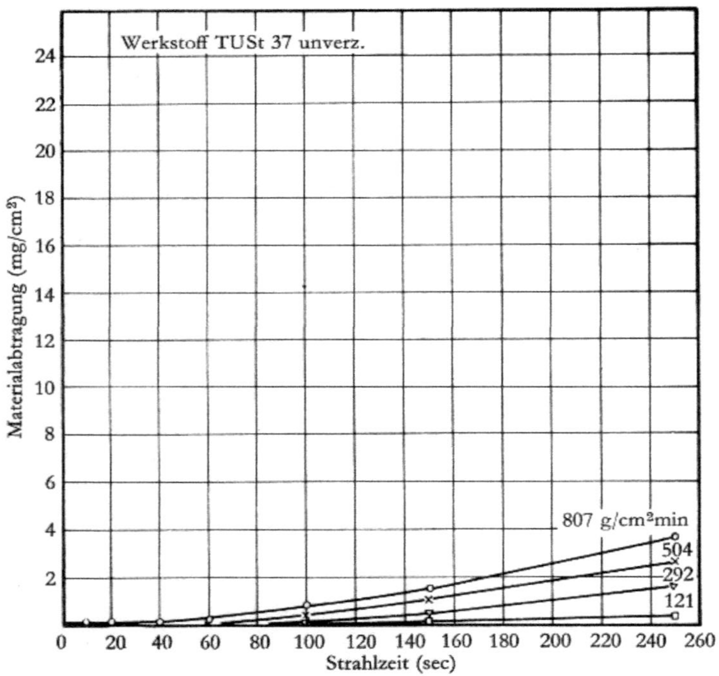

Abb. 99

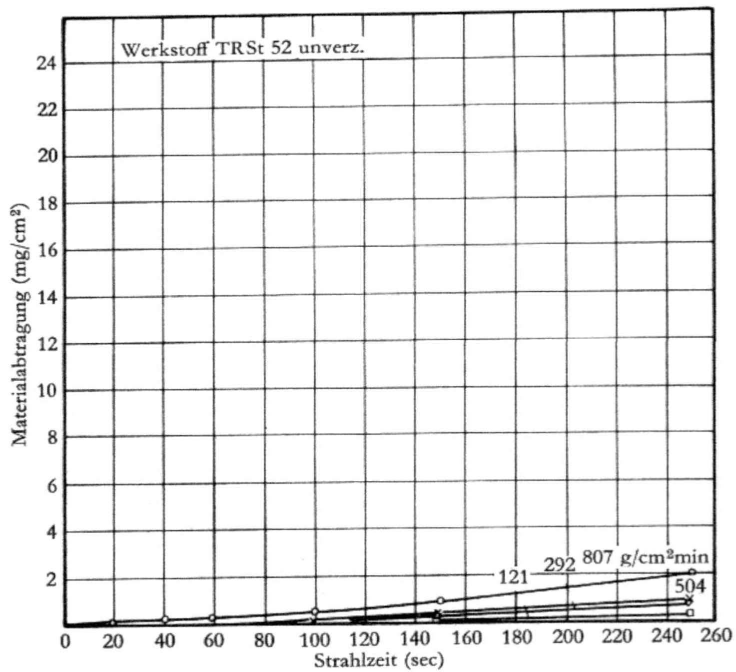

Abb. 100

Abb. 99 und 100 Materialabtragung in Abhängigkeit von der Strahlzeit bei verschiedenen Bedeckungsgraden
Umfangsgeschwindigkeit des Schleuderrades: 21,2 m/s

Aus der Gegenüberstellung der Kurven der beiden verschieden harten Werkstoffe bei jeweils einer Umfangsgeschwindigkeit ist zu entnehmen, daß von der härteren Qualität TR St 52 bei gleichen Strahlbedingungen weniger Material abgetragen wurde. Ebenfalls verschieben sich alle Kurven bei Verringern der Umfangsgeschwindigkeit des Schleuderrades (das bedeutet geringere Auftreffenergie) zu niedrigeren Werten. Die Diagramme zeigen weiterhin, daß sich der Zeitpunkt des linearen Anstiegs der Kurven mit kleiner werdender Umfangsgeschwindigkeit zu höheren Strahlzeiten verlagert.

Im folgenden Abschnitt soll nun eine Erörterung der Ergebnisse angestellt werden. Das zuerst auftreffende Strahlmittel findet zunächst überall an der Oberfläche gleiche Bedingungen vor, und das Material wird entsprechend seiner Härte abgetragen. Gemäß den Versuchen bewirkt eine verlängerte Strahlzeit eine härtere Oberfläche. Da aber ein härterer Werkstoff weniger verschleißt als ein weicher, kann auch nur eine geringere Materialabtragung stattfinden. Dementsprechend verlaufen die Kurvenzüge weniger steil. Die Fortsetzung der Kalt-Verfestigung hat zur Folge, daß an einzelnen Stellen der Oberfläche das Formänderungsvermögen erschöpft wird und örtliche Teilchen ausbrechen. Ausgehend von einem statistischen Ungleichgewicht zwischen den geschilderten beiden Tendenzen, stellt sich im Verlauf des Strahlvorganges ein Gleichgewichtszustand ein. In diesem Zeitpunkt bewirkt die örtliche Verfestigung einerseits und die Erschöpfung des Formänderungsvermögens andererseits, daß in der Zeiteinheit gleich viel Werkstoff von der Oberfläche abgetragen wird. Die Verschiebung des linearen Anstiegs der Kurve bei geringeren Umfangsgeschwindigkeiten des Schleuderrades zu größeren Strahlzeiten resultiert aus der Verminderung der Verfestigung durch Strahlen bei kleineren Umfangsgeschwindigkeiten.

Um zu erkennen, wie der Bedeckungsgrad die Materialabtragung bei einzelnen Strahlzeiten beeinflußt, wird sie in den Abb. 101–108 in Abhängigkeit vom Bedeckungsgrad bei verschiedenen Strahlzeiten dargestellt. Dabei werden auch die Untersuchungen an zwei Werkstoffen einander gegenübergestellt. Die Kurven zeigen zunächst einen linearen Anstieg der Materialabtragung mit der Erhöhung des Bedeckungsgrades. Bei sehr großen Bedeckungsgraden verläuft die Linie der Materialabtragung flacher. Man kann hier annehmen, daß sich die Teilchen der Strahlmittelmenge gegenseitig in ihrer Wirkung behindern; die gleiche Erscheinung wurde bei den Versuchen über die Entfernbarkeit des Zunders beobachtet.

Die Abb. 109 und 110 zeigen schließlich, wie die Materialabtragung bei verschiedenen Bedeckungsgraden und einer Strahlzeit von 100 s von der Umfangsgeschwindigkeit des Schleuderrades abhängig ist. Erwartungsgemäß wird mit der Erhöhung der Umfangsgeschwindigkeit mehr Stoff von der Oberfläche abgetragen. Dabei weisen die Kurven für einen geringeren Bedeckungsgrad einen sanfteren Anstieg auf als für einen hohen; das bedeutet, daß mit dem Erhöhen der Umfangsgeschwindigkeit bei einem Bedeckungsgrad von 800 $g/cm^2 \cdot$ min unverhältnismäßig mehr abgetragen wird als bei einem solchen von 200 $g/cm^2 \cdot$ min.

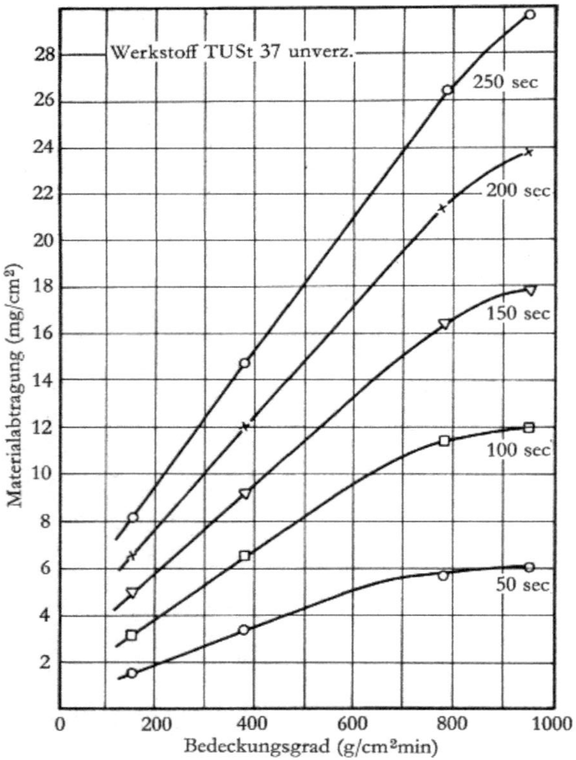

Abb. 101

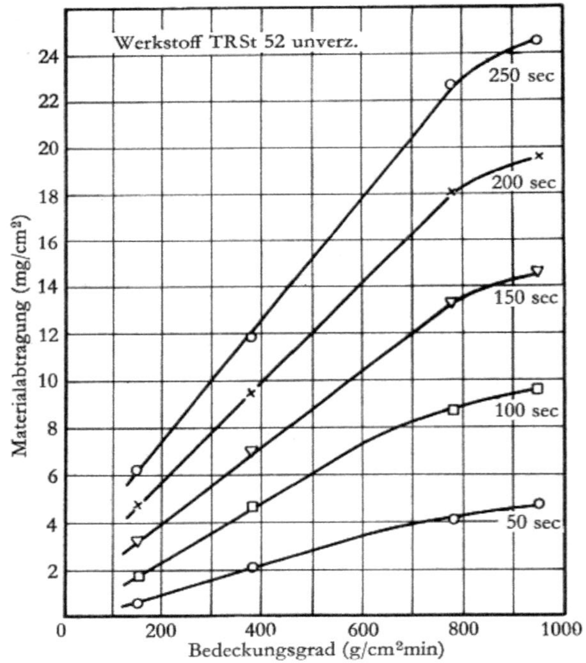

Abb. 102

Abb. 101 und 102 Materialabtragung in Abhängigkeit vom Bedeckungsgrad bei verschiedenen Strahlzeiten
Umfangsgeschwindigkeit des Schleuderrades: 49,5 m/s

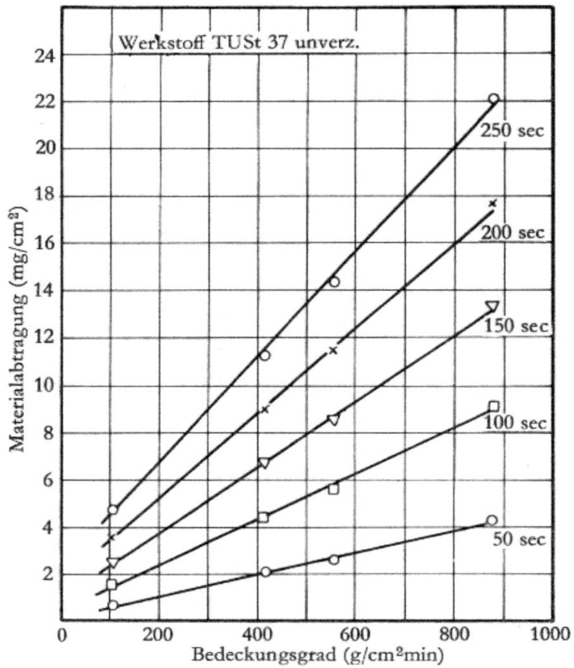

Abb. 103

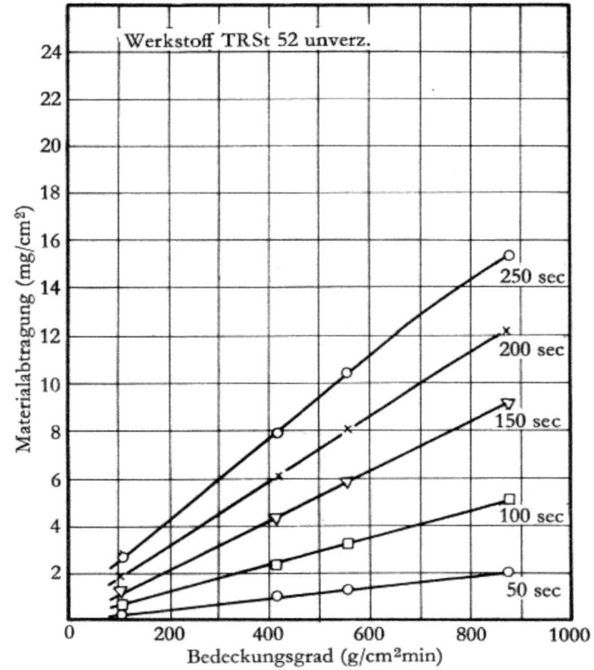

Abb. 104

Abb. 103 und 104 Materialabtragung in Abhängigkeit vom Bedeckungsgrad bei verschiedenen Strahlzeiten
Umfangsgeschwindigkeit des Schleuderrades: 40,0 m/s

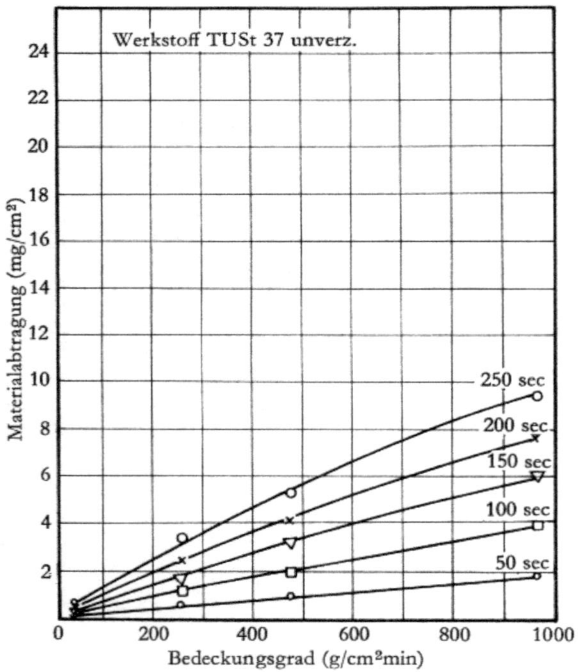

Abb. 105

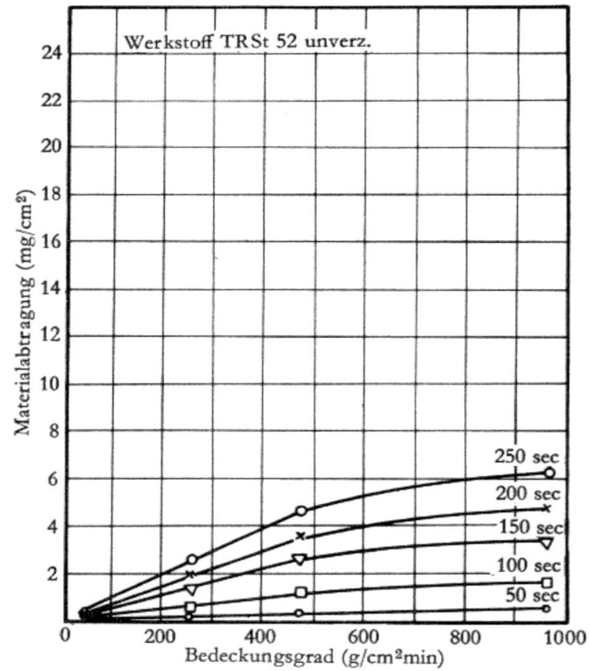

Abb. 106

Abb. 105 und 106 Materialabtragung in Abhängigkeit vom Bedeckungsgrad bei verschiedenen Strahlzeiten Umfangsgeschwindigkeit des Schleuderrades: 30,6 m/s

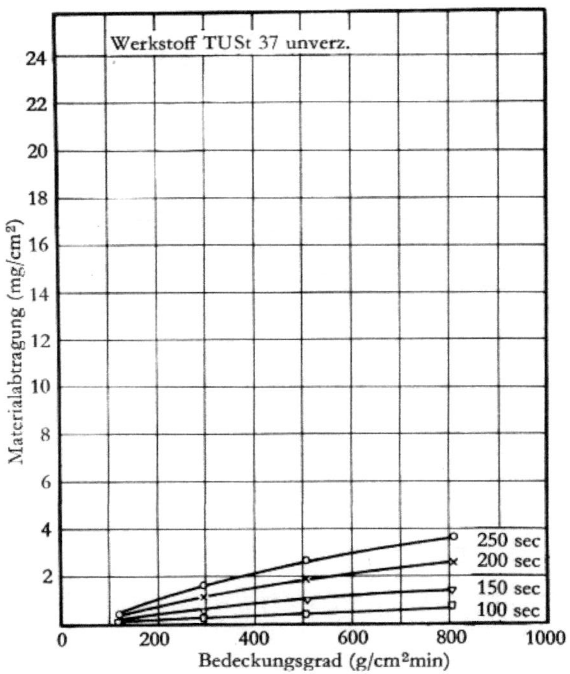

Abb. 107

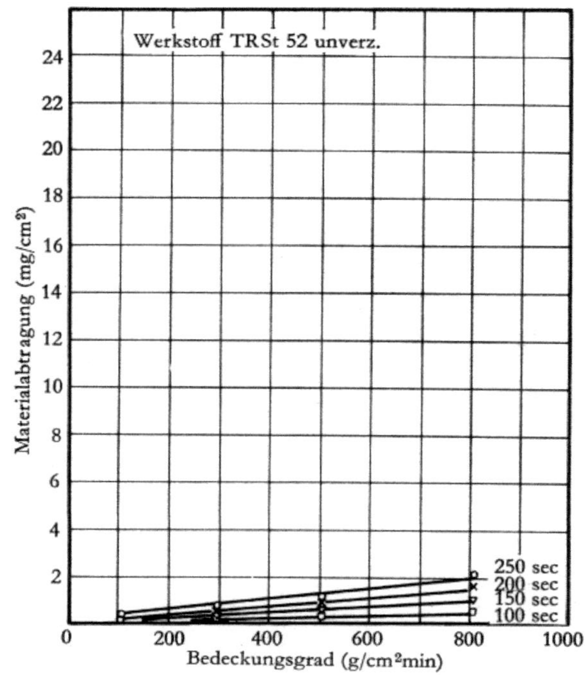

Abb. 108

Abb. 107 und 108 Materialabtragung in Abhängigkeit vom Bedeckungsgrad bei verschiedenen Strahlzeiten Umfangsgeschwindigkeit des Schleuderrades: 21,2 m/s

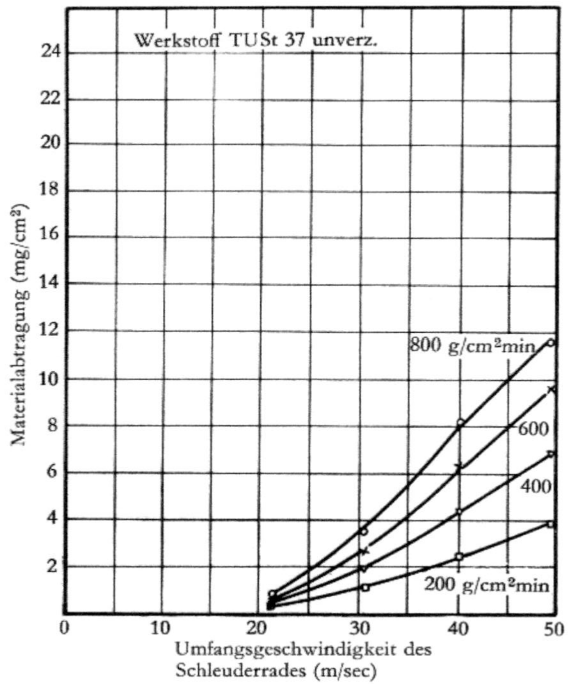

Abb. 109

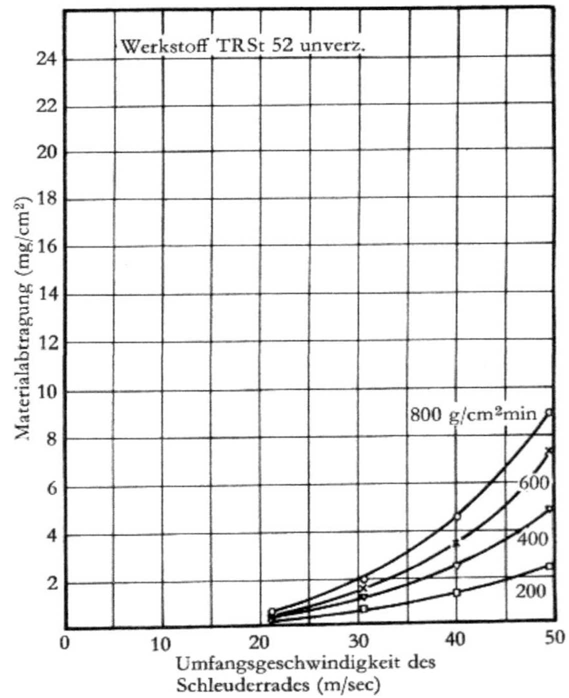

Abb. 110

Abb. 109 und 110 Materialabtragung in Abhängigkeit von der Umfangsgeschwindigkeit des Schleuderrades bei verschiedenen Bedeckungsgraden und einer Strahlzeit von 100 sec

Somit haben die Versuche ergeben, daß die Materialabtragung der reinen Oberfläche beim Strahlen von der Härte des Strahlgutes abhängt. Sie wird im übrigen durch die Umfangsgeschwindigkeit des Schleuderrades, den Bedeckungsgrad und die Strahlzeit in erheblichem Maße beeinflußt.

7.5 Einfluß der Strahlbedingungen auf die Almenintensität

Die Almenintensität stellt ein Maß für die Hämmerwirkung eines Strahlmittels dar; die Hämmerwirkung wiederum ist für das Lösen des Zunders ausschlaggebend. Somit können aus der Größe der Almenintensität Rückschlüsse auf die entzundernde Wirkung eines Strahlmittels bei verschiedenen Bedingungen gezogen werden.

Zur Prüfung der Almenintensität werden genormte Plättchen vom Typ A2 auf einem Einspannblock derart unter dem Schleuderrad befestigt, daß der Strahl-Auftreffwinkel etwa 90° beträgt. Durch die kinetische Energie des auftreffenden Strahlmittels wird die bestrahlte Oberfläche des Prüfplättchens verformt; sie wird dabei gedehnt, d. h., das Prüfplättchen wölbt sich der Strahlrichtung entgegen. Diese Wölbung, mit einer Meßuhr in mm gemessen, ist als Almenintensität definiert worden [26].

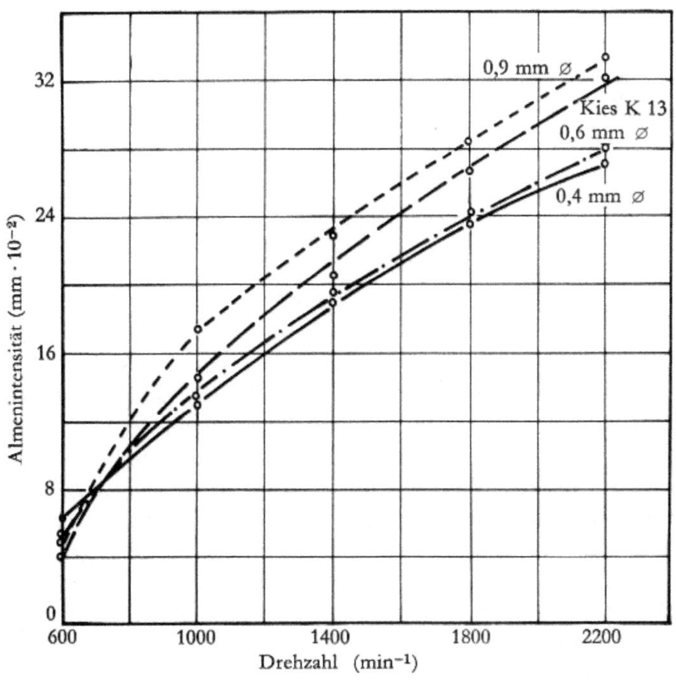

Abb. 111 Abhängigkeit der Almenintensität von verschiedener Strahlmittelkorngröße und Schleuderraddrehzahl bei 70 kg/min Strahlmittel-Durchsatz

Wie aus den Abb. 111, 112 und 113 zu ersehen ist, wird die Almenintensität bei Verwenden höherer Schleuderrad-Drehzahlen und größerer Strahlmittel-Kornabmessungen stärker, und zwar bei allen untersuchten Strahlmitteln etwa in gleichem Maße [20].

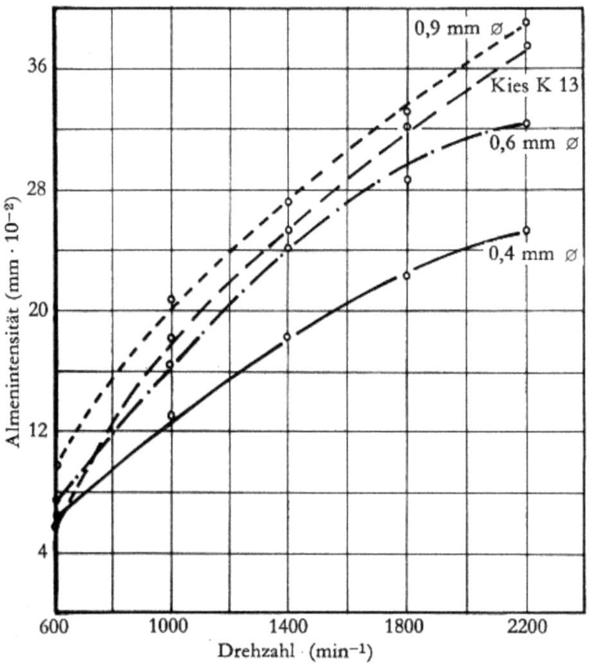

Abb. 112 Abhängigkeit der Almenintensität von verschiedener Strahlmittelkorngröße und Schleuderraddrehzahl bei 130 kg/min Strahlmittel-Durchsatz

Der Einfluß des Strahlmittel-Durchsatzes scheint bei den einzelnen Drahtkorngrößen unterschiedlich zu sein. Zunächst kann man aus den Abb. 114, 115, 116 und 117 nur im Falle des Drahtkorns 0,9 mm ∅ und des Kies K 13 eine Erhöhung der Almenintensität mit vergrößertem Durchsatz erkennen. Bei Verwendung des Drahtkorns mit 0,6 mm ∅ ergibt sich kein Einfluß des Strahlmittel-Durchsatzes, und beim Strahlen mit Drahtkorn 0,4 mm ∅ wird mit gesteigertem Durchsatz sogar eine geringere Almenintensität gemessen. Eine Erklärung hierfür könnte die größere Kornzahl bei gleichem Gewicht sein, wobei infolge gegenseitiger Behinderung nicht alle Körner auf der Plättchenoberfläche zur Wirkung kommen. Die Aufprallenergie kann z. B. von zurückprallenden oder in anderer Richtung fliegenden Körnern abgeschwächt werden. Die Almenintensität wird dann ebenfalls vermindert. Deshalb wird auch bei Verwendung von Strahlmitteln mit größerem Korndurchmesser bei großen Durchsätzen ein Bereich zu finden sein, in dem die Almenintensität abfällt.

Die Wirkung unterschiedlicher Strahlmittel-Durchsätze ist deutlicher aus den Diagrammen der Abb. 118 und 119 zu erkennen. Ein Intensitätsmaximum wurde bei den einstellbaren Durchsätzen nur bei Verwenden des Drahtkorns mit einem Durchmesser von 0,6 mm gefunden, und zwar unabhängig von der Schleuderrad-Drehzahl. Deutlich zeigt sich auch die abfallende Tendenz der Almenintensität bei 0,4-mm-Drahtkorn und allen eingestellten Schleuderrad-Drehzahlen zu größeren Strahlmittel-Durchsätzen hin [20].

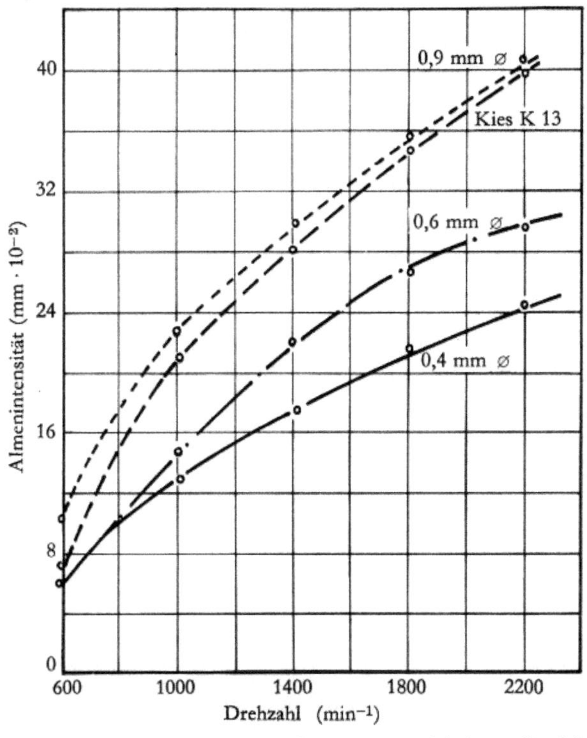

Abb. 113 Abhängigkeit der Almenintensität von verschiedener Strahlmittelkorngröße und Schleuderraddrehzahl bei 250 kg/min Strahlmittel-Durchsatz

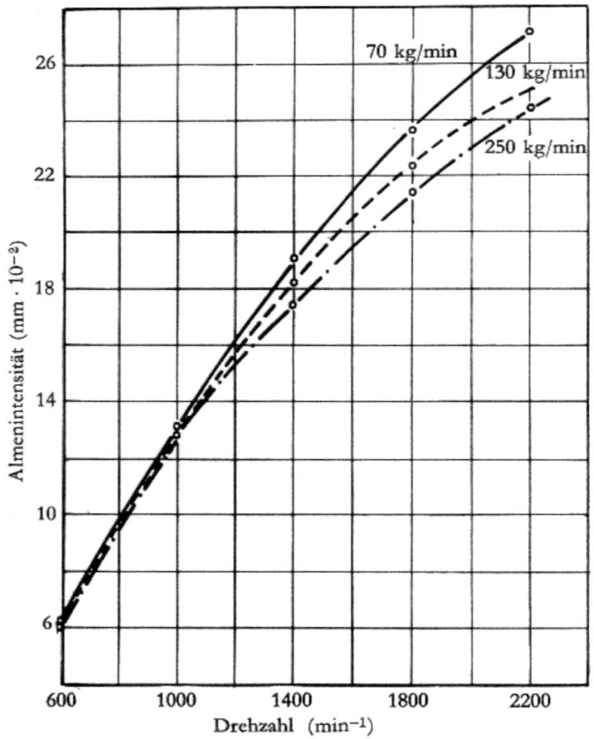

Abb. 114 Abhängigkeit der Almenintensität von 0,4 mm ⌀ Stahldrahtkorn bei verschiedenen Strahlmitteldurchsätzen und Schleuderrad-Drehzahlen

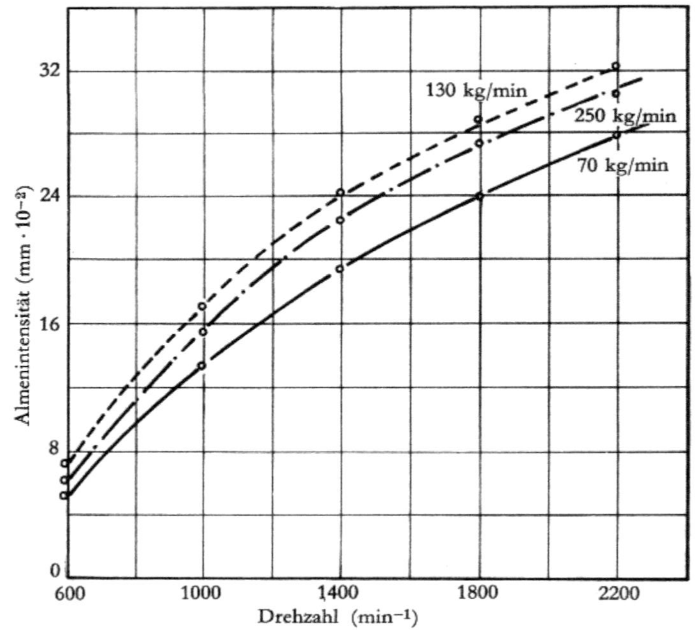

Abb. 115 Abhängigkeit der Almenintensität von 0,6 mm ⌀ Stahldrahtkorn bei verschiedenen Strahlmitteldurchsätzen und Schleuderrad-Drehzahlen

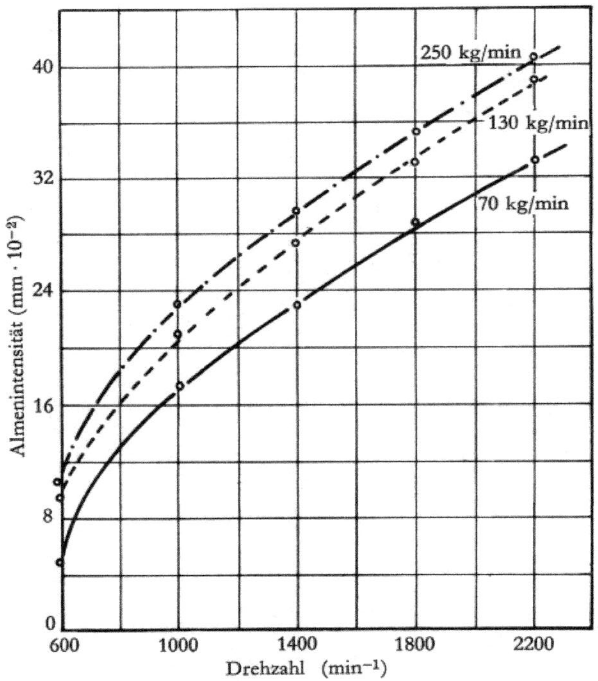

Abb. 116 Abhängigkeit der Almenintensität von 0,9 mm ⌀ Stahldrahtkorn bei verschiedenen Strahlmitteldurchsätzen und Schleuderrad-Drehzahlen

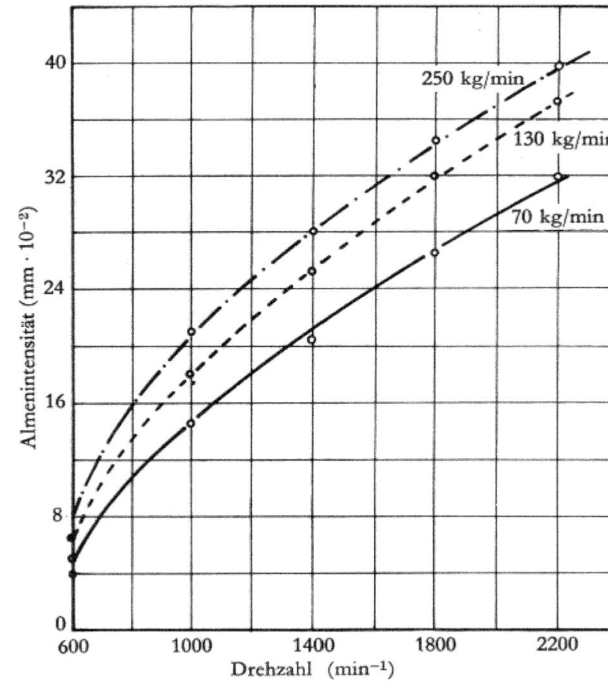

Abb. 117 Abhängigkeit der Almenintensität von Kies K 13 bei verschiedenen Strahlmittel-Durchsätzen und Schleuderrad-Drehzahlen

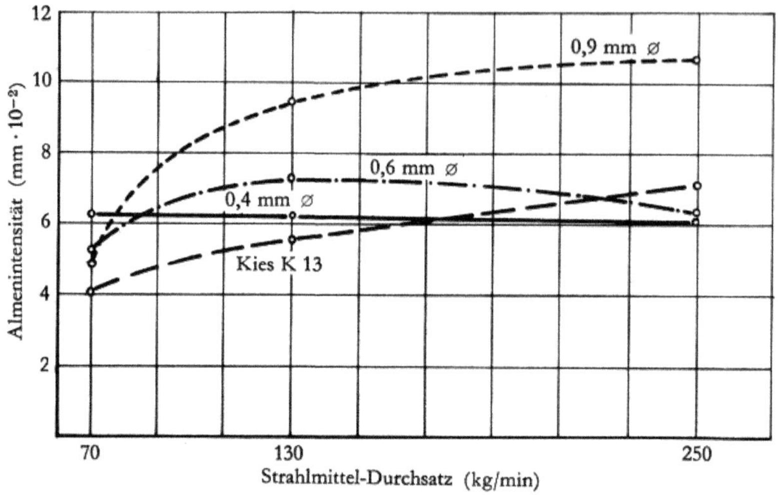

Abb. 118 Abhängigkeit der Almenintensität von verschiedenen Strahlmittel-Korngrößen und Strahlmittel-Durchsätzen bei einer Schleuderrad-Drehzahl von 600 U/min^{-1}

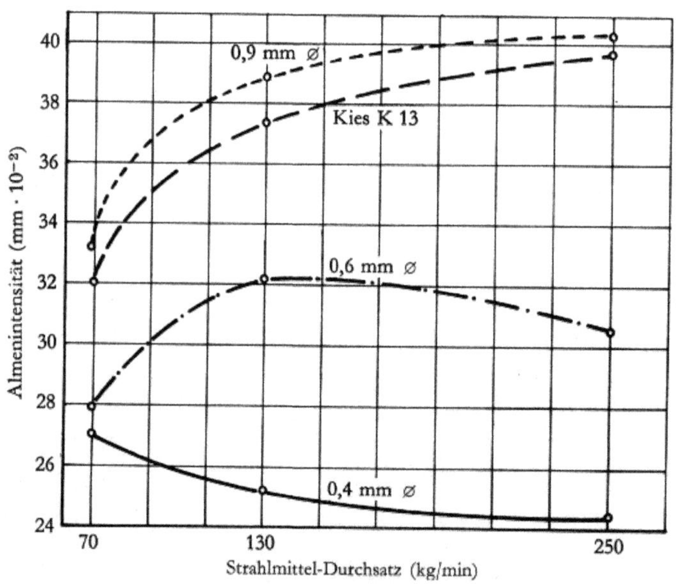

Abb. 119 Abhängigkeit der Almenintensität von verschiedenen Strahlmittel-Korngrößen und Strahlmittel-Durchsätzen bei einer Schleuderrad-Drehzahl von 2200 U/min^{-1}

8. Schräg-Strahlversuche

Trifft beim Strahlentzundern das Strahlmittel im wesentlichen senkrecht auf das Strahlgut auf, so wird die beim Lösen des Zunders nicht verbrauchte Energie zum großen Teil in eine plastische Verformung der Strahlgut-Oberfläche umgesetzt. Die Oberflächenschicht wird verfestigt, aufgerauht, und als Folge davon kommt es zur Bildung von Zundereinschlüssen und mehr oder weniger fest haftenden Metallflittern durch umgebogene Kraterränder. Ist die Auftreffwucht der einzelnen Strahlmittelkörner besonders groß, so bleiben am Grund der Kalottenvertiefungen durch Kalt-Schweißen Zunderreste haften, die erfahrungsgemäß nur durch ein kurzes Nachbeizen restlos zu entfernen sind. Durch Nachschleifen mit Schleifbändern oder einer Behandlung mit Zopfbürsten aus hochgekohltem Stahldraht können Flitter und Kraterränder weitgehend entfernt werden. Die mit etwa 3000 min^{-1} rotierenden Bürsten schlagen die Spitzen der Kraterränder ab, wie Versuche ergaben (Abb. 120 und 121) [19]. Man verwendet dieses Verfahren zum Säubern gestrahlten Bandes mit oder ohne Zusatz von Aufschlämmflüssigkeit, meist Wasser mit Inhibitorenzusätzen. Nachteilig ist bei diesem Verfahren, neben der oberflächlichen Wirkungsweise, das teilweise Umbiegen und Einformen von Kraterrändern in benachbarte Kalotten. Dies kann beim anschließenden Kalt-Walzen zu einer erneuten Flitterbildung führen.

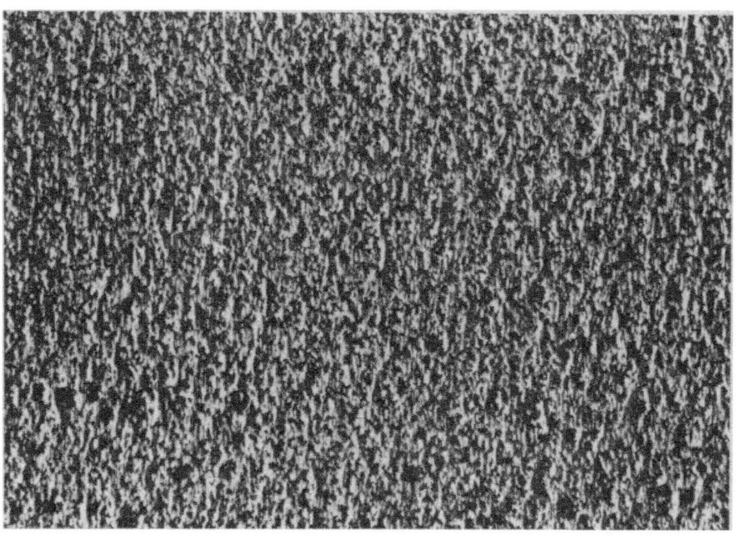

Abb. 120 Bandoberfläche mit Drahtkorn 0,4 mm ∅ gestrahlt und gebürstet (10:1)

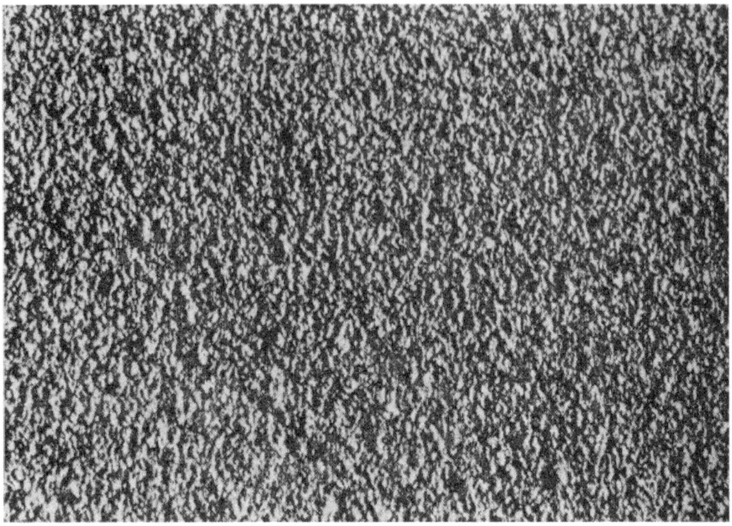

Abb. 121 Bandoberfläche mit Drahtkorn 0,4 mm ∅ gestrahlt (10:1)

Bänder zur Herstellung von geschweißten Präzisionsrohren in vernickelter und verchromter Ausführung wurden in der Praxis bereits mit gutem Erfolg strahlentzundert und ergaben auch ohne jede Nachbehandlung brauchbare Oberflächen, sofern beim Kalt-Walzen nicht die üblichen Walzemulsionen, sondern Petroleum mit Ölzusatz verwendet wurde. Die beim Strahlentzundern auftretende Oberflächenrauhigkeit hatte in diesem Falle auf die Güte der Fertigerzeugnisse keinen Einfluß, da durch die anschließende Verformung durch Kalt-Walzen, Ziehen und Kalibrieren die Oberflächengüte verbessert worden ist.

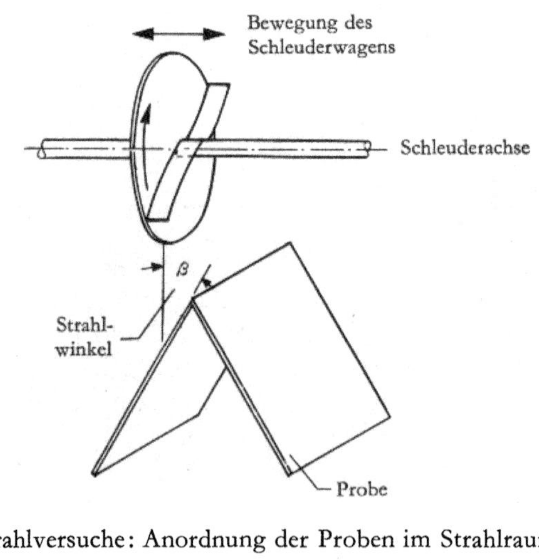

Abb. 122 Schrägstrahlversuche: Anordnung der Proben im Strahlraum

Um die Verfestigung und das Aufrauhen der Strahlgutoberfläche herabzusetzen, wurde versucht, das Strahlmittel unter einem kleineren Winkel als 90° auftreffen zu lassen, indem man das Band schräg in die Strahlkammer ein- und auslaufen ließ bzw. Bleche im Strahlraum schräg statt waagerecht aufstellte (Abb. 122) [18]. Bereits vor einigen Jahrzehnten hat man bei Leistungsuntersuchungen mit Sandstrahlgebläsen festgestellt [27], daß bei einem Strahl-Auftreffwinkel von 45° die beste Oberflächengüte erreicht wird.

Die durchgeführten Untersuchungen mit Stahldrahtkorn wurden an Bandproben der Abmessungen 500×2×300 mm durchgeführt [19]. Sie wurden in einer Vorrichtung festgeklemmt, die ein Aufrichten der Proben in bestimmte Winkellagen gestattet. Hierzu muß erwähnt werden, daß natürlich auch bei einer waagerechten Lage der Oberfläche im Strahlraum ein Teil des Strahlmittels schräg auftrifft.

Die Proben wurden aber immer an der Stelle entnommen, die senkrecht unter der Strahlachse lag, also dort, wo ein horizontal liegendes Blech unter einem Winkel von 90° gestrahlt worden wäre. Bei einem Strahlmittel-Durchsatz von 130 kg/min betrug die Schleuderrad-Drehzahl gleichbleibend 2200 min^{-1}. Es wurden die Strahl-Auftreffwinkel 11°, 15°, 18°, 21°, 25°, 29°, 33° und 37° eingestellt. Die Strahlzeit betrug im allgemeinen 60 sec, und bei einem Versuch mit 15°; 120 sec.

Rauhigkeitsmessungen in Neigungsrichtung ergaben, daß die Rauhigkeit mit größer werdendem Auftreffwinkel und entsprechend größerem Bedeckungsgrad ansteigt, und zwar im Mittel von 15 auf 25 μ. Ein Verdoppeln der Strahlzeit bewirkt ein Ansteigen der Rauhigkeitsmittelwerte von 15 auf 20 μ. Der größere Einfluß der Schräglage in der Strahlkammer auf die Rauhigkeit war auch augenscheinlich an den Helligkeitsunterschieden der Proben zu erkennen. Die in Abb. 123 gezeigte Oberfläche wurde unter einem Winkel von $\beta = 15°$ 120 sec lang ge-

Abb. 123 Mit Drahtkorn 0,9 mm ⌀ schräg gestrahlte Blechoberfläche ($\beta = 15°$)

strahlt und war danach weniger aufgerauht als eine nur 60 sec lang mit einem Winkel von 33° gestrahlte Probe, wie sie Abb. 124 zeigt. An den auf dem Perth-O-Meter-Gerät aufgenommenem Rauhigkeitsdiagramm war die schräge Einfallrichtung des Strahlmittels zu erkennen. Man erhielt eine sägezahnförmige Kurve, wenn man die Umhüllende für die Rauhigkeitsmaxima zeichnete.

Abb. 124 Mit Drahtkorn 0,9 mm ⌀ schräg gestrahlte Blechoberfläche ($\beta = 33°$)

Mikro-Härtemessungen am Querschnitt der gestrahlten Bleche ergaben eine etwas höhere Verfestigung bei den unter größerem Winkel β gestrahlten Proben, wobei Zahlenangaben nicht gemacht werden können, da nur Ergebnisse relativ weniger Versuche vorliegen. Die Ursache der größeren Verfestigung war auch an geätzten Mikroaufnahmen festzustellen; der Gefügeaufbau war an der Oberfläche stärker gestört.

Andererseits war bei gleicher Strahlzeit die Entzunderung beim Strahlen unter kleinen Winkeln weniger vollständig als beim Anwenden größerer Strahl-Auftreffwinkel. Setzt man also »vollständiges Entzundern« voraus, so steht scheinbar dem Vorteil geringerer Verfestigung und Aufrauhung bei kleinen Strahl-Auftreffwinkeln ein Mehraufwand an Zeit und Strahlmittelmenge gegenüber.

Für ein anschließendes Kalt-Walzen haben sich die unter einem spitzeren Winkel gestrahlten Blechoberflächen geeigneter erwiesen, da die dann mehr schabende Wirkung des Strahlmittels eine Oberflächenausbildung hervorruft, die einer gebürsteten oder geschliffenen ähnlich ist. Besonders in dieser Hinsicht haben sich Strahl-Auftreffwinkel zwischen 15 und 25° als günstig erwiesen. In diesem Winkelbereich ist die Strahlmittelwirkung vorwiegend schabend, und die Hämmerwirkung ist ausreichend, so daß festhaftender, tiefsitzender Zunder noch relativ gut entfernt werden kann.

Ein definierter, allgemein gültiger optimaler Winkel kann hier noch nicht angegeben werden. Dazu bedarf es noch umfangreicher Untersuchungen bei den verschiedensten Strahlbedingungen, Werkstoffen und Zunderausbildungen.

9. Verschweißbarkeit von mechanisch entzundertem Warmband für die Rohrherstellung

Warmbänder aus vier verschiedenen, niedriggekohlten Stählen wurden nach Anwenden unterschiedlicher Strahlbedingungen im Rahmen einiger Tastversuche auf ihre Verschweißbarkeit zu Schlitzrohren hin untersucht [20].
Die Röhrenstreifen hatten die Abmessungen 160×1,5 mm und 220×2,5 mm und wurden bei Durchlaufgeschwindigkeiten von 2 bis 20 m/min mit Schleuderrad-Drehzahlen von 2200 min^{-1} und Strahlmittel-Durchsätzen von 170, 175 und 250 kg/min gestrahlt. Einige Proben wurden beidseitig unter einem Winkel von 50° bei 2200 min^{-1} und 250 kg/min Durchsatz strahlentzundert. Beim Strahlen der Bandseite, die bei der Verschweißung mit den Elektroden in Berührung kommt, betrug die Durchlaufgeschwindigkeit 3 m/min, bei der anderen Seite 9 m/min. Die Streifen wurden nach dem Widerstandsverfahren stumpf geschweißt. Die anschließende technologische Prüfung der Schweißnaht beschränkte sich auf die Faltprobe nach DIN 1626 und die Bördelprobe nach DIN 1929, Gütestufe B. Die Schweißgeschwindigkeiten lagen im Bereich von 20 bis 27 m/min.
Weitgehend zusammengefaßt, ergab sich folgendes:
Bei der Faltprobe zeigten die Schweißnähte aller Proben, unabhängig von den Strahlbedingungen, ein einwandfreies Verhalten. Die Bördelproben rissen bei den Rohrproben auf, die mit einer größeren Durchlaufgeschwindigkeit als 6 m/min gestrahlt wurden. Der Grund dafür war eine mangelhafte Entzunderung. Restzunder an den Kanten bedingt einen erhöhten Ohmschen Widerstand; der Stromübergang von den kreisförmigen Elektroden auf den Röhrenstreifen wird geschwächt, die optimale Schweißhitze nicht erreicht und eine einwandfreie Schweißnaht nicht erzielt. Streifen, die an der Seite, die mit den Elektroden in Berührung kam, einwandfrei entzundert waren, ergaben auch Rohre, die der Bördelprobe genügten. Unwesentlich für die Festigkeit der Schweißnaht scheint die Güte der Entzunderung auf der den Elektroden abgekehrten Seite zu sein. Auch werden Restzunderteile an den schmalen, stumpf aneinanderstoßenden Bandkanten beim Schweißen aus der Schweißzone wahrscheinlich herausgedrückt, da trotz vorhandenem Restzunder eine die technologischen Prüfungen ungünstige Beeinflussung nicht erkannt wurde.
Die Versuche ergaben bei einer verminderten Schleuderraddrehzahl von 1800 min^{-1} und Durchsätzen von 175 und 250 kg/min, trotz der Durchlaufgeschwindigkeit von 2 m/min, beim Strahlen der den Elektroden zugekehrten Seite zum Teil Aufreißer bei der Bördelprobe. Dies ist bedingt durch unzureichende Zunderentfernung bei verringerter Auftreffenergie des Strahlmittels, besonders bei dem größten Durchsatz von 250 kg/min. Im zuletztgenannten Fall behindern sich die Strahlmittelkörner gegenseitig, und ihre Hämmerwirkung wird dadurch beeinträchtigt.

Schon nach Durchführung einer verhältnismäßig kleinen Anzahl von Versuchen kann empfohlen werden, beide Bandseiten gemäß dem vorher Gesagten bei verschiedener Durchlaufgeschwindigkeit zu entzundern. Das Verhältnis dieser Geschwindigkeiten sollte nach dem gegenwärtigen Erkenntnisstand etwa 1:3 betragen.

10. Zusammenfassung

Einleitend werden allgemeine Probleme der mechanischen und chemischen Entzunderung von Blechen und Bändern vergleichend erörtert. Zu den anschließend dargelegten Versuchsbedingungen der Einzeluntersuchungen gehört die Ermittlung von Strahlflächenbildern in der verwendeten Kammer-Strahlanlage.
Die wesentlichsten Versuche im Rahmen dieser Arbeit waren darauf ausgerichtet, die Wirkung verschiedener Strahlbedingungen auf die Entzunderung, Oberflächenverfestigung, Aufrauhung und Materialabtragung des Strahlgutes aufzufinden.
Zur vollständigen Entzunderung kann durch Verringern des Bedeckungsgrades die effektiv erforderliche Strahlmittelmenge verkleinert werden. Die Einstellung eines geringeren Strahlmittel-Durchsatzes bedingt zwar eine etwas längere Strahlzeit, die aber durch die erhebliche Einsparung an Strahlmitteln aufgewogen wird, abgesehen vom verminderten Verschleiß der Anlage.
Ein vorwiegend auf »Magnetit« aufgebauter Zunder läßt sich durch Strahlen leichter bzw. schneller entfernen als einer mit dem Hauptbestandteil »Wüstit«. Beim Beizen ist das Umgekehrte der Fall. Da der Zunderaufbau aber stark von den Abkühlungsbedingungen abhängt, sollte man bereits nach der Warm-Verformung darauf achten, eine möglichst Fe_3O_4-reiche Schicht zu erzeugen.
Durch Einstellen einer kleineren Schleuderrad-Drehzahl kann eine weniger verfestigte und weniger aufgerauhte Strahlgutoberfläche erzielt werden. Beim Strahlen mit einer Umfangsgeschwindigkeit von etwa 20 m/s wurden Rauhigkeiten erhalten, die im Bereich der durch Beizen entzunderten Oberfläche liegen. Dann bleiben auch die Festigkeitseigenschaften des Bandes beim Strahlen praktisch unverändert. Unabhängig von allen Strahlbedingungen ergaben Mikro-Härteprüfungen an verschiedenen Werkstoffen, daß die Strahlgutoberfläche bis in eine Tiefe von etwa 100 μ verfestigt wird.
Ein Schrägstrahlen, bei dem die Hauptmenge des Strahlmittels unter einem kleineren Winkel als 90° auftrifft, erscheint nach den bisherigen Erkenntnissen infolge des größeren Zeitaufwandes und des Bedarfs an Zusatzvorrichtungen nicht lohnend. Das Erniedrigen der Schleuderrad-Drehzahl ist technisch einfacher durchzuführen als z. B. das Anbringen einer Vorrichtung für ein schräglaufendes Band. Schleuderrad-Drehzahl und Durchsatzmenge sollten an einer Strahlanlage immer regelbar sein, um den Strahlmittelverbrauch, entsprechend den Anforderungen an das jeweilige Strahlgut, möglichst niedrig halten zu können.
Andererseits stellen das Schrägstrahlen oder Besäumen der Bandkanten Möglichkeiten dar, die Bandkanten so zu säubern, daß der Schmutzanfall beim anschließenden Kalt-Walzen reduziert wird. Ob sich die Verschmutzung der Oberfläche durch Strahlen bei geradem Banddurchlauf und verschiedenen Schleuderrad-Drehzahlen ändert, konnte nicht festgestellt werden.

Der Bedeckungsgrad beeinflußt die Aufrauhung der Strahlgutoberfläche nach diesen Versuchsergebnissen nicht. Wohl aber wurde ein Stahl höherer Festigkeit bei gleichen Strahlbedingungen weniger aufgerauht als einer mit geringerer Festigkeit. Ferner nimmt die Oberflächenrauhigkeit mit kleiner werdender Größe der Strahlmittelteilchen ab.
Einige Kalt-Walzversuche an gestrahlten und gebeizten Bandproben ergaben, daß eine größere Ausgangsrauhigkeit bei den gestrahlten Proben bis zu relativ großen Stichabnahmen einen erhöhten Kraft- und Drehmomentbedarf bedingen.
Die Materialabtragung der reinen Oberfläche, z. B. beim »Überstrahlen« (Strahlzeit zu groß), ist von der Ausgangshärte des Werkstoffes abhängig. Sie nimmt mit größer werdender Härte ab. Bei der Wahl sehr hoher Bedeckungsgrade wird die materialabtragende und entzundernde Wirkung des Strahlmittels kleiner. Gesteigerte Schleuderrad-Drehzahlen ergaben aber jeweils größeren Abrieb des Strahlgutes.
Durch Vorversuche im Hinblick auf die Verschweißbarkeit von Röhrenstreifen zu Schlitzrohren nach dem Widerstandsverfahren war bei ausreichend strahlentzunderten Bändern kein Einfluß der Strahlbedingungen festzustellen; sie ließen sich einwandfrei schweißen.

Dem Landesamt für Forschung danken wir an dieser Stelle für die Unterstützung unserer Arbeit

Prof. Dr.-Ing. Max Vater
Dipl.-Ing. Gerhard Nebe
Dipl.-Ing. Ansgar Schütza

11. Literaturverzeichnis

[1] Landeswassergesetz (LWG) des Landes Nordrhein-Westfalen vom 22. Mai 1962, GVNW, S. 235; und Gesetz zur Ordnung des Wasserhaushaltes (WHG) vom 27. Juli 1957, BGBl. I, S. 1110.

[2] Reimann, M., und S. Schwandt, Das maschinenmäßige Entzundern des Warmbandes mit metallischen Strahlmitteln nach dem Schleuderverfahren. Stahl und Eisen 73 (1953), Nr. 10, S. 630–639.

[3] Mathesius, K., Umschaubericht: Das mechanische Entzundern und Verdichten von Oberflächen durch Strahlmittel. Stahl und Eisen 74 (1954), Nr. 6, S. 353–355.

[4] Höhle, H., H. Pannek und W. Brinker, Strahlentzundern und Nachreinigen von Stahlband vor dem Kalt-Walzen. Stahl u. Eisen 80 (1960), Nr. 14, S. 913–918.

[5] Bovensmann, A., Erkenntnisse und Weiterentwicklung bei der mechanischen Entzunderung von Warmband. Blech 3 (1956), Nr. 11, S. 74–79.

[6] Bovensmann, A., Die Entzunderung von Warmband. Blech 2 (1955), Nr. 11, S. 78–84.

[7] Peltzer, O., Chemisches oder mechanisches Entzundern von Stabstahl? Stahl und Eisen 75 (1955), Nr. 3, S. 129–140.

[8] Jaenichen, E., A. Duphorn, H. Krautmacher und W. Püngel, Zur Frage der mechanischen Entzunderung von Drähten durch Abstrahlen. Stahl u. Eisen 77 (1957), Nr. 25, S. 1785–1794.

[9] Esser, A., und C. Poloczek, Vorträge vor dem Kaltwalzausschuß des VDEh am 4. 6. 1958 in Düsseldorf.

[10] Gesell, W., Zunder- und Entrostungsstrahlen bei Blech. Blech 3 (1956), Nr. 11, S. 61–69.

[11] Nebe, G., Unveröffentlichte Arbeit im Institut für Bildsame Formgebung der TH Aachen.

[12] Cakenberghe, J. v., F. Halla und W. R. Ruston, Untersuchungen der Oberflächenoxyde auf zum Verzinken bestimmten Weichstahlblechen. Métaux Corrosion-Ind. 28 (1953), Nr. 338, S. 406–409; vgl. Stahl und Eisen 75 (1955), Nr. 13, S. 864/65.

[13] Dahl, W., und W. Lueg, Über den Einfluß der Walzbedingungen auf die Eigenschaften von kohlenstoffarmem Warmband. Stahl u. Eisen 78 (1958), Nr. 6, S. 368–377.

[14] Gesell, W., Gegenwartsfragen beim Arbeiten nach dem Strahlverfahren. Mitt. d. Ver. d. Emailfachleute (1956), Nr. 9, S. 56.

[15] Schorsch, H., Gütebestimmung an technischen Oberflächen. Wissenschaftliche Verlagsgesellschaft mbH, Stuttgart (1958).

[16] Perthen, J., Prüfen und Messen der Oberflächengestalt. Carl Hanser-Verlag, München (1949).

[17] Perthen, J., Die Oberflächenfeingestalt: Stand der Meßtechnik. Z. VDI, Bd. 96 (1954), Nr. 25, S. 855–863.

[18] Lepand, H., Diplomarbeit, durchgeführt am Institut für Bildsame Formgebung der TH Aachen (1961); unveröffentlicht.

[19] LINDEMANN, F., Diplomarbeit, durchgeführt am Institut für Bildsame Formgebung der TH Aachen (1959); unveröffentlicht.
[20] BIENZEISLER, H., Diplomarbeit, durchgeführt am Institut für Bildsame Formgebung der TH Aachen (1960); unveröffentlicht.
[21] JANZEN, W., Diplomarbeit, durchgeführt am Institut für Bildsame Formgebung der TH Aachen (1959); unveröffentlicht.
[22] MACHU, W., Oberflächenveredlung von Eisen und Nicht-Eisenmetallen. Akad. Verlagsgesellschaft Geest & Portig, Leipzig (1954).
[23] PEETZ, P., Diplomarbeit, durchgeführt am Institut für Bildsame Formgebung der TH Aachen (1960); unveröffentlicht.
[24] SACHS, K., und T. PITT, Removal of Scale from Steel Rod by Stretching. J. Iron Steel Inst. 197 (1961), Nr. 1, S. 1–8.
[25] EISENHUTH, C., Zur mechanischen Entzunderung, besonders der Biegeentzunderung, bei der Drahtverarbeitung. Stahl u. Eisen 77 (1957), Nr. 6, S. 323–334.
[26] BICKEL, E., Metallische Strahlmittel und ihre Prüfung. Stahl und Eisen 76 (1956), Nr. 17, S. 1116–1128.
[27] KAEMPFER, W., Leistung von Sandstrahlgebläsen. Stahl und Eisen 43 (1923), Nr. 13, S. 425–430.
[28] SCHMITHALS, P. U., Die Entfernung des Zunders beim Strahlen. Stahl und Eisen 81 (1961), Nr. 25, S. 1739–1745.
[29] KESKA, K. R., Entwicklung auf dem Gebiete der mechanischen Entzunderung von Bandstahl. Iron Steel Eng. 33 (1956), Nr. 3, S. 65–73.
[30] WIRTZ, H., Einfluß des Zunderaufbaues auf die mechanische Entzunderung von Warmband. Blech 7 (1960), Nr. 2, S. 74–76.
[31] EISENHUTH, C., Mechanisches Entzundern, ein Ausweg? Handelsblatt — Die technische Linie, 4. 11. 1960.
[32] ZIELER, W., Die Eigenschaften und Einsatzmöglichkeiten von Strahlmitteln für die mechanische Entzunderung und Oberflächenveredlung mit besonderer Berücksichtigung von Stahldrahtkorn. Draht-Welt 45 (1959), Nr. 6, S. 357.
[33] DILL, E. G., Band-Strahlentzunderungsanlage der Empire Steel Corp. Mansfield (Ohio); Steel 1955, Nr. 22, S. 106/7.
[34] DILL, E. G., Zehn Jahre mechanische Entzunderung warm gewalzter Walzerzeugnisse. Iron Steel Eng. 32 (1955), Nr. 1, S. 85–89.

FORSCHUNGSBERICHTE DES LANDES NORDRHEIN-WESTFALEN

Herausgegeben im Auftrage des Ministerpräsidenten Dr. Franz Meyers von Staatssekretär Prof. Dr. h. c. Dr.-Ing. E. h. Leo Brandt

HÜTTENWESEN · WERKSTOFFKUNDE

HEFT 4
Prof. Dr. med. Erich A. Müller und Dipl.-Ing. H. Spitzer, Max-Planck-Institut für Arbeitsphysiologie, Dortmund
Untersuchungen über die Hitzebelastung in Hüttenbetrieben
1952. 20 Seiten, 5 Abb., 1 Tabelle. DM 9,—

HEFT 48
Max-Planck-Institut für Eisenforschung, Düsseldorf
Spektrochemische Analyse der Gefügebestandteile in Stählen nach ihrer Isolierung
1953. 31 Seiten, 12 Abb., 5 Tabellen. DM 7,80

HEFT 49
Max-Planck-Institut für Eisenforschung, Düsseldorf
Untersuchungen über Ablauf der Desoxydation und die Bildung von Einschlüssen in Stählen
1953. 45 Seiten, 19 Abb., 3 Tabellen. Vergriffen

HEFT 50
Max-Planck-Institut für Eisenforschung, Düsseldorf
Flammenspektralanalytische Untersuchung der Ferritzusammensetzung in Stählen
1953. 34 Seiten, 15 Abb., 4 Tabellen. DM 8,60

HEFT 74
Max-Planck-Institut für Eisenforschung, Düsseldorf
Versuche zur Klärung des Umwandlungsverhaltens eines sonderkarbidbildenden Chromstahls
1954. 48 Seiten, 10 Abb. DM 14,—

HEFT 75
Max-Planck-Institut für Eisenforschung, Düsseldorf
Zeit-Temperatur-Umwandlungs-Schaubilder als Grundlage der Wärmebehandlung der Stähle
1954. 34 Seiten, 13 Abb. DM 8,70

HEFT 89
Verein Deutscher Ingenieure, Gleitlagerforschung, Düsseldorf, und Prof. Dr.-Ing. G. Vogelpohl, Göttingen
Versuche mit Preßstoff-Lagern für Walzwerke
1954. 57 Seiten, 34 Abb. DM 14,10

HEFT 96
Dr.-Ing. Paul Koch, Dortmund
Austritt von Exoelektronen aus Metalloberflächen unter Berücksichtigung der Verwendung des Effektes für die Materialprüfung
1954. 21 Seiten, 13 Abb. DM 7,—

HEFT 105
Dr.-Ing. Robert Meldau, Harsewinkel/Westf.
Auswertung von Gekörn – Analysen des Musterstaubes »Flugasche Fortuna I«
1955. 28 Seiten, 14 Abb. DM 8,50

HEFT 132
Prof. Dr. phil. nat. W. Seith, Münster
Über Diffusionserscheinungen in festen Metallen
1955. 27 Seiten, 19 Abb., 4 Tabellen. Vergriffen

HEFT 143
Prof. Dr. phil. Franz Wever, Dr. phil. Adolf Rose und Dipl.-Ing. W. Straßburg, Max-Planck-Institut für Eisenforschung, Düsseldorf
Härtbarkeit und Umwandlungsverhalten der Stähle
1955. 33 Seiten, 12 Abb., 3 Tabellen. DM 10,70

HEFT 153
Prof. Dr.phil. Franz Wever, Dr.-Ing. Wilhelm Anton Fischer und Dipl.-Ing. J. Engelbrecht, Düsseldorf
I. Die Reduktion sauerstoffhaltiger Eisenschmelzen im Hochvakuum mit Wasserstoff und Kohlenstoff
II. Einfluß geringer Sauerstoffgehalte auf das Gefüge und Alterungsverhalten von Reineisen
1955. 42 Seiten, 15 Abb., 2 Tabellen. DM 12,40

HEFT 154
Prof. Dr.-Ing. P. Bardenheuer und Dr.-Ing. Wilhelm Anton Fischer, Düsseldorf
Die Verschlackung von Titan aus Stahlschmelzen im sauren und basischen Hochfrequenzofen unter verschiedenen Schlacken
1955. 23 Seiten, 10 Abb., 1 Tabelle. DM 7,95

HEFT 162

Prof. Dr. phil. Franz Wever, Prof. Dr. rer. techn. Albert Kochendörfer und Dr.-Ing. Chr. Rohrbach, Max-Planck-Institut für Eisenforschung, Düsseldorf

Kennzeichnung der Sprödbruchneigung von Stählen durch Messung der Fließspannung, Reißspannung und Brucheinschnürung an dreiachsig beanspruchten Proben

1955. 46 Seiten, 26 Abb. DM 13,—

HEFT 170

Prof. Dr. phil. Franz Wever, Dr. phil. Adolf Rose und Dipl.-Ing. L. Rademacher, Max-Planck-Institut für Eisenforschung, Düsseldorf

Anwendung der Umwandlungsschaubilder auf Fragen der Werkstoffauswahl beim Schweißen und Flammhärten

1955. 51 Seiten, 25 Abb. DM 13,70

HEFT 205

Dr. Carl Schaarwächter, Laboratorium für Rostschutz und Oberflächentechnik, Düsseldorf

Über plastische Kupfer-Eisen-Phosphor-Legierungen

1956. 25 Seiten, 10 Abb., 10 Tabellen. DM 8,30

HEFT 227

Prof. Dr. phil. Franz Wever und Dr. Wolfgang Wepner, Max-Planck-Institut für Eisenforschung, Düsseldorf

Untersuchung der Alterungsneigung von weichen unlegierten Stählen durch Härteprüfung bei Temperaturen bis 300° C

1956. 24 Seiten, 20 Abb., 3 Tabllen. DM 7,95

HEFT 228

Prof. Dr. phil Franz Wever, Dr. phil. Walter Koch und Dr. rer. nat. Bernd Alexander Steinkopf, Max-Planck-Institut für Eisenforschung, Düsseldorf

Spektrochemische Grundlagen der Analyse von Gemischen aus Kohlenmonoxyd, Wasserstoff und Stickstoff

1956. 31 Seiten, 18 Abb., 1 Tabelle. DM 9,90

HEFT 229

Prof. Dr. phil. Franz Wever, Dr. phil Walter Koch und Dr.-Ing. Hanns Malissa, Max-Planck-Institut für Eisenforschung, Düsseldorf

Über die Anwendung disubstituierter Dithiocarbamate der analytischen Chemie

1955. 30 Seiten, 30 Abb., 5 Tabellen. DM 10,50

HEFT 230

Prof. Dr. phil. Franz Wever und Dr. phil. Wolfgang Wepner, Max-Planck-Institut für Eisenforschung, Düsseldorf

Bestimmung kleiner Kohlenstoffgehalte im α-Eisen durch Dämpfungsmessung

1955. 19 Seiten, 5 Abb., 2 Tabellen. DM 7,70

HEFT 234

Dr.-Ing K. G. Speith und Dr.-Ing A. Bungeroth, Duisburg

Versuche zur Steigerung des Kokillen-Schluckvermögens beim Stranggießen von Stahl

1956. 15 Seiten, 5 Abb. DM 6,15

HEFT 244

Prof. Dr. phil. Franz Wever, Dr. phil. Walter Koch und Dr. Siegfried Eckhard, Max-Planck-Institut für Eisenforschung, Düsseldorf

Erfahrungen mit der spektrochemischen Analyse von Gefügebestandteilen des Stahles

1956. 22 Seiten, 8 Abb., 2 Tabellen. DM 7,80

HEFT 263

Prof. Dr. phil. Heinrich Lange und Dipl.-Phys. Rudolf Kohlhaas, Institut für theoretische Physik der Universität Köln

Über die Wärmeleitfähigkeit von Stählen bei hohen Temperaturen: Teil I: Literaturbericht

1956. 37 Seiten, 26 Abb., 8 Tabellen. DM 10,70

HEFT 268

Prof. Dr.-Ing. G. Vogelpohl, VDI, Max-Planck-Institut für Strömungsforschung, Göttingen

Über die Tragfähigkeit von Gleitlagern und ihre Berechnung

1956. 66 Seiten, 24 Abb., 7 Tabellen. DM 16,85

HEFT 283

Prof. Dr.-phil Franz Wever und Dr.-Ing. Werner Lueg, Max-Planck-Institut für Eisenforschung, Düsseldorf

Warmstauchversuche zur Ermittlung der Formänderungsfestigkeit von Gesenkschmiede-Stählen

1956. 31 Seiten, 19 Abb. DM 9,90

HEFT 288

Dr. phil Kurt Brücker-Steinkuhl, Düsseldorf

Anwendung mathematisch-statischer Verfahren in der Industrie

1956. 103 Seiten, 28 Abb., 14 Tabellen. Vergriffen

HEFT 290

Dr. rer. nat. Dietrich Horstmann, Max-Planck-Institut für Eisenforschung, Düsseldorf

I. Der verstärkte Angriff des Zinks auf Eisen im Temperaturgebiet um 500° C

II. Einfluß eines Antimongehaltes auf den Angriff von Zinkschmelzen auf Eisen

1956. 36 Seiten, 33 Abb., 3 Tabellen. DM 11,90

HEFT 291

Dr.-Ing. Hans-Joachim Wiester und Dr. rer. nat. Dietrich Horstmann, Max-Planck-Institut für Eisenforschung, Düsseldorf

Der Angriff eisengesättigter Zinkschmelzen auf silizium- und manganhaltiges Eisen

1956. 40 Seiten, 45 Abb., 8 Tabellen. DM 12,60

HEFT 311
Prof. Dr. phil. Franz Wever und Dr. phil. nat. Max Hempel, Düsseldorf
Dauerschwingfestigkeit von Stählen bei erhöhten Temperaturen
Teil I: Erkenntnisse aus bisherigen Dauerschwingversuchen in der Wärme
1956. 36 Seiten, 19 Abb., 2 Tabellen. DM 10,90

HEFT 312
Prof. Dr. phil. Franz Wever und Dr. phil. nat. Max Hempel, Max-Planck-Institut für Eisenforschung, Düsseldorf
Dauerschwingfestigkeit von Stählen bei erhöhten Temperaturen
Teil II: Zug-Druck-Dauerschwingversuche an zwei warmfesten Stählen bei Temperaturen von 500 bis 650° C
1956. 36 Seiten, 20 Abb., 3 Tabellen. DM 13,—

HEFT 313
Prof. Dr. phil. Franz Wever, Dr. phil. Walter Koch und Dipl.-Phys. Helga Rohde, Max-Planck-Institut für Eisenforschung, Düsseldorf
Änderungen des Habitus und der Gitterkonstanten des Zementits in Chromstählen bei verschiedenen Wärmebehandlungen
1956. 76 Seiten, 29 Abb., 8 Tabellen. DM 20,90

HEFT 314
Prof. Dr. phil. Franz Wever, Dr.-Ing. habil. Alfred Krisch und Dr.-Ing. Hans-Joachim Wiester, Max-Planck-Institut für Eisenforschung, Düsseldorf
Veränderungen im Gefügeaufbau von Chrom-Nickel-Molybdän-Stählen bei langzeitiger Beanspruchung im Zeitstandversuch bei 500°
1956. 35 Seiten, 26 Abb., 5 Tabellen. DM 11,70

HEFT 315
Prof. Dr. phil. Franz Wever und Dr.-Ing. habil. Alfred Krisch, Max-Planck-Institut für Eisenforschung, Düsseldorf
Metallkundliche Untersuchungen an Zeitstandproben
1956. 25 Seiten, 12 Abb. DM 9,15

HEFT 336
Dr. phil. Tung-ping Yao, Gießerei-Institut der Rhein.-Westf. Technischen Hochschule Aachen
Die Viskosität metallischer Schmelzen
1956. 53 Seiten, 28 Abb., 2 Tabellen. DM 14,40

HEFT 342
Prof. Dr.-Ing. Helmut Winterhager und Dipl.-Ing. Wolfgang Barthel, Aachen
Die Gewinnung von Titan-Schlacken-Konzentraten aus eisenreichen Ilmeniten
1956. 47 Seiten, 30 Abb., 6 Tabellen. DM 13,30

HEFT 348
Prof. Dr.-Ing. Eugen Piwowarsky † und Dr.-Ing. Ernst Günter Nickel, Gießerei-Institut der Rhein.-Westf. Technischen Hochschule Aachen
Metallurgie eines hochwertigen Gußeisens mit kompakter bis kugelförmiger Graphitausbildung
1956. 46 Seiten, 27 Abb., 5 Tabellen. DM 13,30

HEFT 349
Dr.-Ing. Wilhelm-Anton Fischer, Dr.-Ing. Helmut Treppschuh und Dr.-Ing. Karl Heinz Köthemann, Max-Planck-Institut für Eisenforschung, Düsseldorf
Tiegel aus Schmelzmagnesia für Vakuuminduktionsöfen
1957. 23 Seiten, 14 Abb. DM 8,40

HEFT 367
Dr. rer. nat. Dietrich Horstmann, Max-Planck-Institut für Eisenforschung, Düsseldorf
Der Angriff eisengesättigter Zinkschmelzen auf kohlenstoff-, schwefel- und phosphorhaltiges Eisen
1957. 42 Seiten, 22 Abb., 6 Tabellen. DM 12,85

HEFT 392
Prof. Dr. phil. Franz Wever, Dr. phil. Walter Koch, Düsseldorf, Dr.-Ing. Helmut Knüppel, Dr. rer. nat. Bernd Alexander Steinkopf, Dipl.-Ing. Karl Ernst Mayer und Dipl.-Phys. Gert Wiethoff, Dortmund
Untersuchungen über den Konverterrauch im Hinblick auf die spektrale Überwachung des Thomasprozesses
1957. 36 Seiten, 14 Abb., 4 Tabellen. DM 12,10

HEFT 407
Prof. Dr.-Ing. Dr.-Ing. E. h. Hermann Schenk, Aachen und Dr.-Ing. Werner Wenzel, Bad Godesberg
Entwicklungsarbeiten auf dem Gebiete der Verhüttung von Erzstaub in Schmelzkammern
1957. 71 Seiten, 9 Abb., 18 Tabellen. DM 17,10

HEFT 408
Prof. Dr. phil. Franz Wever, Dr.-Ing. Werner Lueg und Dr.-Ing. Hans Günter Müller, Max-Planck-Institut für Eisenforschung, Düsseldorf
Kraft- und Arbeitsbedarf beim Warmscheren von Stahl in Abhängigkeit von Temperatur und Schnittgeschwindigkeit
1957. 33 Seiten, 15 Abb., 3 Tabellen. DM 11,35

HEFT 409
Prof. Dr. phil. Franz Wever, Dr. phil. Walter Koch, Dr. rer. nat. Christa Ilschner-Gensch und Dipl.-Phys. Helga Rohde, Max-Planck-Institut für Eisenforschung, Düsseldorf
Das Auftreten eines kubischen Nitrids in aluminiumlegierten Stählen
1957. 26 Seiten, 12 Abb., 3 Tabellen. DM 10,10

HEFT 410
Prof. Dr. phil. Franz Wever,
Prof. Dr. rer. techn. Albert Kochendörfer,
Dr. phil. nat. Max Hempel und
Dipl.-Phys. Emil Hillenhagen, Max-Planck-Institut für Eisenforschung, Düsseldorf
Biegewechselversuche mit Flachproben aus Alpha-Eisen-Kristallen zur Bestimmung der Wechselfestigkeit und der Gleitspuren
1957. 100 Seiten, 58 Abb., 3 Tabellen. DM 30,—

HEFT 455
Dr.-Ing. Wilhelm Anton Fischer,
Dr.-Ing. Helmut Treppschuh und
Dipl.-Phys. Karl Heinz Köthemann, Max-Planck-Institut für Eisenforschung, Düsseldorf
Erschmelzung von Reinsteisen nach dem Kohlenstoffproduktionsverfahren und Kerbschlagzähigkeit-Temperatur-Kurven dieses Eisens
1957. 25 Seiten, 7 Abb., 6 Tabellen. DM 9,35

HEFT 456
Privatdozent Dr.-Ing. Karl Bungardt, Krefeld
Zeitstandversuche an austenitischen Stählen und Legierungen
1958. 23 Seiten und Anhang mit Abbildungen und Tafeln z. T. auf Falttafeln. DM 19,85

HEFT 457
Prof. Dr. phil. Franz Wever und
Dr. phil. Wolfgang Wepner, Max-Planck-Institut für Eisenforschung, Düsseldorf
Dämpfungsmessungen an schwach gereckten Eisen-Kohlenstoff-Legierungen
1957. 22 Seiten, 7 Abb., 3 Tabellen. DM 8,40

HEFT 458
Prof.-Ing. Dr.-Ing. E. h. Hermann Schenk und
Dr.-Ing. Eugen Schmidtmann, Aachen,
Dr.-Ing. Hans Kosmider, Dr.-Ing. Herbert Neuhaus und Dr.-Ing. Alfred Krüger, Haspe
Das Frischen von Thomas-Roheisen mit Sauerstoff-Wasserdampf-Gemischen und die Eigenschaften der damit erblasenen Stähle
1957. 50 Seiten, 56 Abb. DM 16,35

HEFT 459
Prof. Dr. phil. Franz Wever,
Dr. phil. Otto Krisement und Hanna Schädler, Max-Planck-Institut für Eisenforschung, Düsseldorf
Ein isothermes Mikrokalorimeter zur kinetischen Messung von Umwandlungs- und Ausscheidungsvorgängen in Legierungen
1957. 31 Seiten, 14 Abb. DM 10,75

HEFT 460
Prof. Dr. phil. Franz Wever und
Dr. rer. nat. Bernhard Ilschner, Max-Planck-Institut für Eisenforschung, Düsseldorf
Ein isothermes Lösungskalorimeter zur Bestimmung thermo-dynamischer Zustandsgrößen von Legierungen
1957. 31 Seiten, 7 Abb., 4 Tabellen. DM 10,40

HEFT 461
Prof. Dr.-Ing. habil. Eugen Piwowarsky †,
Prof. Dr.-Ing. Wilhelm Patterson und
Dipl.-Ing. Friedrich Wilhelm Iske, Gießerei-Institut der Rhein.-Westf. Technischen Hochschule Aachen
Verbesserung der Zähigkeitseigenschaften von Bessemer-Stahlguß
1957. 41 Seiten, 15 Abb., 16 Tabellen. DM 12,75

HEFT 492
Prof. Dr. phil. Josef Meixner und
Dr. rer. nat. Bruno Manz, Institut für theoretische Physik der Rhein.-Westf. Technischen Hochschule Aachen
Zur Theorie der irreversiblen Prozesse in α-Eisen
1958. 10 Seiten, 1 Abb. DM 5,70

HEFT 519
Prof. Dr. phil. Franz Wever,
Dr. phil. Walter Koch und
Dr. phil. Siegfried Eckhard, Max-Planck-Institut für Eisenforschung, Düsseldorf
Die spektrographische Bestimmung der Spurenelemente in Stahl ohne vorherige Abbrennung
1958. 36 Seiten, 22 Abb. DM 12,60

HEFT 542
Dr. phil. nat. Gerhard Zapf, Schwelm
Entwicklung eines Verfahrens zur Herstellung von Formteilen aus Sintermessing
1958. 43 Seiten, 23 Abb., 7 Tabellen. DM 15,15

HEFT 552
Dr.-Ing. Gerhard Leiber und
Dipl.-Ing. Dieter Schauwinhold, Duisburg-Hamborn
Versuche zur Erzeugung halbberuhigten Stahles
1958. 28 Seiten, 23 Abb., 6 Tabellen. DM 11,30

HEFT 562
Prof. Dr.-Ing. Dr.-Ing. E. h. Hermann Schenck,
Prof. Dr. phil. habil. Norbert G. Schmahl und
Dr.-Ing. Götz Funke, Institut für Eisenhüttenwesen der Rhein.-Westf. Technischen Hochschule Aachen
Die Reduzierbarkeit von Eisenerzen
1958. 101 Seiten, 89 Abb., 10 Tabellen. DM 29,25

HEFT 573
Prof. Dr. phil. Franz Wever,
Dr. rer. nat. Werner Jellinghaus und
Dr.-Ing. Toshimori Shuin, Max-Planck-Institut für Eisenforschung, Düsseldorf
Gemischt-keramische Sinterwerkstoffe aus Aluminiumoxyd und Eisen oder Eisenlegierungen
1958. 76 Seiten, 39 Abb., 17 Tabellen. DM 22,65

HEFT 586
Dr.-Ing. Wilhelm Anton Fischer und
Dr. rer. nat. Alfred Hoffmann, Max-Planck-Institut für Eisenforschung, Düsseldorf
Verhalten von Eisen- und Stahlschmelzen im Hochvakuum
1958. 41 Seiten, 10 Abb., 13 Tabellen. DM 14,50

HEFT 597
Prof. Dr. phil. Franz Wever,
Dr. phil. Wilhelm Wink und
Dr. rer. nat. Werner Jellinghaus, Max-Planck-Institut für Eisenforschung, Düsseldorf
Suszeptibilitätsmessungen an hochwarmfesten Legierungen auf Nickel-Chrom- und Kobalt-Nickel-Chrom-Grundlage
1958. 34 Seiten, 10 Abb., 5 Tabellen. DM 12,—

HEFT 599
Prof. Dr. phil. Walter Koch und
Dipl.-Phys. Dr. phil. Heinz Sundermann, Max-Planck-Institut für Eisenforschung, Düsseldorf
Elektrochemische Grundlagen der Isolierung von Gefügebestandteilen in metallischen Werkstoffen
1958. 50 Seiten, 26 Abb., 2 Tabellen. DM 17,60

HEFT 600
Prof. Dr. phil. Walter Koch, Dr. phil. Siegfried Eckhard und Dr. rer. nat. Friedrich Stricker, Max-Planck-Institut für Eisenforschung, Düsseldorf
Die lichtelektrische Spektralanalyse der Gase im Stahl
1958. 53 Seiten, 27 Abb., 9 Tabellen. DM 15,10

HEFT 620
Dr. rer. nat. Dietrich Horstmann, Max-Planck-Institut für Eisenforschung und Gemeinschaftsausschuß Verzinken, Düsseldorf
Der Einfluß von Aluminium im Eisen- und im Zinkbad auf den Zinkangriff
1958. 29 Seiten, 17 Abb., 3 Tabellen. DM 9,40

HEFT 628
Dipl.-Ing. Walter Panknin und
Dipl.-Ing. Wolfgang Möhrlin, Verein Deutscher Ingenieure ADB, Düsseldorf
Die Ermittlung der Fließkurven von Schraubenwerkstoffen *1958. 20 Seiten, 8 Abb. DM 6,40*

HEFT 630
Prof. Dr. phil. Walter Koch und
Dr. techn. Dipl.-Ing. Hanns Malissa, Max-Planck-Institut für Eisenforschung, Düsseldorf
Beiträge zur Spurenanalyse im Reinsteisen
1958. 25 Seiten, 8 Tabellen. DM 7,60

HEFT 644
Prof. Dr.-Ing. Franz Bollenrath, Institut für Werkstoffkunde an der Rhein.-Westf. Technischen Hochschule Aachen
Untersuchung einiger mechanischer Eigenschaften von Sinteraluminium S. A. P. und S. A. P.-Avional
1958. 24 Seiten, 26 Abb. DM 8,10

HEFT 697
Prof. Dr.-Ing. Theodor Gast,
Dr.-Ing. Karl-Max Frhr. v. Meysenburg und
Prof. Dr.-Ing. Otto Krischer, Technische Hochschule Darmstadt
Untersuchung über die Erwärmungsvorgänge bei der Verarbeitung härtbarer und thermoplastischer Kunststoffe
1959. 91 Seiten, 34 Abb., 4 Tabellen. DM 16,90

HEFT 706
Prof. Dr.-Ing. Dr.-Ing. E. h. Hermann Schenck und
Dr.-Ing. Hans Esch, Institut für Eisenhüttenwesen der Rhein.-Westf. Technischen Hochschule Aachen
Zur Untersuchung der Hochofenvorgänge
1959. 32 Seiten, 23 Abb. DM 9,90

HEFT 737
Prof. Dr.-Ing. habil. Karl Krekeler,
Dr.-Ing. Heinz Peukert und Dipl.-Ing. Josef Eilers, Institut für Kunststoffverarbeitung an der Rhein.-Westf. Technischen Hochschule Aachen
Festigkeitsuntersuchungen an Rohren aus Thermoplasten
1959. 66 Seiten, 84 Abb. DM 19,40

HEFT 748
Prof. Dr. phil. nat. habil. Hans-Ernst Schwiete,
Dr.-Ing. Harald Knoblauch und
Dr. rer. nat. Günther Ziegler, Institut für Gesteinshüttenkunde der Rhein.-Westf. Technischen Hochschule Aachen
Die Hydratation der Verbindungen 3 $CaO \cdot SiO_2$ und ß-2 $CaO \cdot SiO_2$
1959. 56 Seiten, 22 Abb., 14 Tabellen. DM 15,70

HEFT 780
Prof. Dr. phil. Franz Wever,
Dr.-Ing. Werner Lueg und Dr.-Ing. Paul Funke, Max-Planck-Institut für Eisenforschung, Düsseldorf
Untersuchung von Walzöl und Walzölemulsionen im Kaltwalzversuch
1959. 68 Seiten, 28 Abb., mehr. Tabellen. DM 18,50

HEFT 788
Prof. Dr.-Ing. Herwart Opitz, Laboratorium für Werkzeugmaschinen und Betriebslehre an der Rhein.-Westf. Technischen Hochschule Aachen
Der Einsatz radioaktiver Isotope bei Zerspanungsuntersuchungen
1959. 35 Seiten, 23 Abb. DM 11,30

HEFT 797
Prof. Dr. phil. Heinrich Lange und
Dr. rer. nat. Rudolf Kohlhaas, Institut für theoretische Physik der Universität Köln
Über die wahre spezifische Wärme von Eisen, Nickel und Chrom bei hohen Temperaturen
Neue Verfahren zur Messung der wahren spezifischen Wärme von Metallen bei hohen Temperaturen
1960. 115 Seiten, 38 Abb., 24 Tabellen. DM 31,20

HEFT 798
Dr. rer. nat. Karl Wassmann, Mönchengladbach
Einfluß der Schutzgasatmosphäre auf die Eigenschaften von Sinterstahl
1959. 94 Seiten, 65 Abb., 19 Tabellen. DM 27,—

HEFT 799
Dipl.-Ing. Helmut Weiss, Frankfurt a. M.
Aufkohlung und Härtung von Sintereisen-Werkstoffen
1960. 61 Seiten, 56 Abb., 2 Tabellen. DM 18,80

HEFT 800
Dipl.-Ing. Otto Schindler, Lehrstuhl für Stahlbau, Technische Hochschule Hannover
Untersuchungen an geschweißten Hüttenkranen
Ein Beitrag zur Berechnung dünnwandiger Hohlkästen
1959. 46 Seiten, 14 Abb., 2 Tabellen. DM 13,20

HEFT 801
Baurat Dipl.-Ing. Waldemar Gesell, Staatliche Ingenieurschule für Maschinenwesen, Duisburg
Ersatz von Quarzsand als Strahlmittel
1960. 66 Seiten, 12 Abb., 4 Tabellen. 17 Diagramme. DM 18,90

HEFT 833
Prof. Dr.-Ing. Helmut Winterhager und Dr.-Ing. Dan Hubert Hermes, Institut für Metallhüttenwesen und Elektrometallurgie der Rhein.-Westf. Technischen Hochschule Aachen
Anodennebenreaktionen bei der Silberraffinationselektrolyse
1960. 55 Seiten, 21 Abb., 10 Tabellen. DM 15,60

HEFT 834
Prof. Dr.-Ing. Helmut Winterhager und Dr.-Ing. Klaus Reiprich, Institut für Metallhüttenwesen und Elektrometallurgie der Rhein.-Westf. Technischen Hochschule Aachen
Studie über den Glänzabbau des Reinstaluminiums in Flußsäure enthaltenden chemischen Glänzbädern
1960. 92 Seiten, 88 Abb., 7 Tabellen. DM 27,30

HEFT 840
Prof. Dr. phil. Franz Wever, Dr.-Ing. Hans-Günter Müller und Dr.-Ing. Paul Funke, Max-Planck-Institut für Eisenforschung, Düsseldorf
Versuchsmäßige und rechnerische Bestimmung von Walzkraft und Drehmoment unter Einwirkung von Bandzugspannungen beim Kaltwalzen von Bandstahl
1960. 36 Seiten, 12 Abb., 3 Tafeln. DM 10,90

HEFT 841
Dr. rer. nat. Hubert Blanck, Max-Planck-Institut für Eisenforschung, Düsseldorf
Untersuchungen zur Kinetik des Martensitzerfalls
1960. 33 Seiten, 11 Abb., 2 Tabellen. DM 10,30

HEFT 849
Direktor Ludwig Martin, Wuppertal-Elberfeld und Friedrich Steiner, Ratingen
Weiterentwicklung von Friktionswerkstoffen
1960. 66 Seiten, 70 Abb., 3 Tabellen. DM 20,50

HEFT 939
Prof. Dr.-Ing. habil. Wilhelm Petersen und Dipl.-Ing. Hans Mingenbach, Dozentur für Brikettierung der Rhein.-Westf. Technischen Hochschule Aachen
Untersuchungen über die Herstellung von Erzbriketts
1961. 83 Seiten, 67 Abb., 2 Tabellen. DM 25,60

HEFT 957
Prof. Dr.-Ing. Dr.-Ing. E. h. Hermann Schenck, Prof. Dr.-Ing. Eugen Schmidtmann und Dr.-Ing. Helmut Brandis, Institut für Eisenhüttenwesen der Rhein.-Westf. Technischen Hochschule Aachen
Mechanische und physikalische Prüfverfahren zur Ermittlung der Vorgänge bei der Abschreck- und Verformungsalterung
1961. 47 Seiten, 34 Abb. DM 14,90

HEFT 958
Prof. Dr.-Ing. Dr.-Ing. E. h. Hermann Schenck, Prof. Dr.-Ing. Eugen Schmidtmann und Dr.-Ing. Heinz Müller, Institut für Eisenhüttenwesen der Rhein.-Westf. Technischen Hochschule Aachen
Untersuchungen zur Isolierung von Einschlüssen und Korngrenzensubstanzen in Eisenwerkstoffen nach dem Dünnschliffverfahren. Innere Oxydation von Eisenlegierungen
1961. 50 Seiten, 33 Abb., 2 Tabellen. DM 15,90

HEFT 961
Prof. Dr.-Ing. Wilhelm Patterson und Dr.-Ing. Dietmar Boenisch, Gießerei-Institut der Rhein.-Westf. Technischen Hochschule Aachen
Eigenschaften und Eigenschaftsänderungen der Tonmineralien in Formsanden
1961. 33 Seiten, 16 Abb. DM 10,90

HEFT 962
Prof. Dr.-Ing. Wilhelm Patterson und Dr.-Ing. Philipp Schneider, Gießerei-Institut der Rhein.-Westf. Technischen Hochschule Aachen
Untersuchungen über die Oberflächenfeingestalt von Gußstücken
1961. 69 Seiten, 52 Abb., 1 Bildtafel. DM 20,80

HEFT 963
Prof. Dr.-Ing. Wilhelm Patterson und Dr.-Ing. Wilhelm Weskamp, Gießerei-Institut der Rhein.-Westf. Technischen Hochschule Aachen
Versuche zur Steigerung der Temperatur in der Schmelzzone des Kupolofens und zur Erzielung eines optimalen thermischen Wirkungsgrades durch Verwendung von HC-Koks in unterschiedlicher Stückgröße
1961. 87 Seiten, 29 Abb., 30 Tabellen. DM 28,30

HEFT 964
Prof. Dr.-Ing. Wilhelm Patterson und Dr.-Ing. Friedrich Iske, Gießerei-Institut der Rhein.-Westf. Technischen Hochschule Aachen
Zusammenhang zwischen den mechanischen Eigenschaften im Gußstück und im getrennt gegossenen Probestab
1961. 82 Seiten, 53 Abb., 13 Tabellen. DM 23,80

HEFT 968
Prof. Dr.-Ing. habil. Anton Königer †, Institut für Gießereikunde der Technischen Universität Berlin
Zur Kenntnis der Passivierbarkeit und Korrosionsbeständigkeit technischer Eisensorten
1961. 25 Seiten, 7 Abb., 8 Tabellen. DM 8,90

HEFT 969
Prof. Dr. phil. Erich Scheil, Düsseldorf
Über den Zustand von Metallschmelzen
1961. 37 Seiten, 23 Abb., 2 Tabellen. DM 11,90

HEFT 970
Prof. Dr.-Ing. Anton Königer † und
Dipl.-Ing. Günther Kuhl, Institut für Gießereikunde der Technischen Universität Berlin
Der Einfluß verschiedener Begleit- und Legierungselemente auf das Viskositätsverhalten von Gußeisenschmelzen
1961. 26 Seiten, 14 Abb., 6 Tabellen. DM 8,60

HEFT 1016
Dr. rer. nat. W. Jellinghaus, Max-Planck-Institut für Eisenforschung, Düsseldorf
Sinterwerkstoffe aus Nickel oder Nickelaluminid mit Aluminiumoxyd
1961. 33 Seiten, 22 Abb., 6 Tabellen. DM 13,50

HEFT 1057
Prof. Dr.-Ing. Dr.-Ing. E. h. Hermann Schenck,
Dr.-Ing. Werner Wenzel und
Dr.-Ing. Hanns-Dieter Butzmann, Institut für Eisenhüttenwesen der Rhein.-Westf. Technischen Hochschule Aachen
Die Reduktion von Eisenerzen im heterogenen Wirbelbett
1961. 87 Seiten, 32 Abb., 5 Tabellen. DM 28,20

HEFT 1067
Prof. Dr.-Ing. Dr.-Ing. E. h. Hermann Schenck und
Dr.-Ing. Klaus-Dieter Unger, Institut für Eisenhüttenwesen der Rhein.-Westf. Technischen Hochschule Aachen
Versuche zur Bestimmung von Verunreinigungen in Metallen; insbesondere von Oxyden und Oxydverbindungen in technischen Stählen
1962. 34 Seiten, 10 Abb., 3 Tabellen. DM 13,40

HEFT 1068
Prof. Dr.-Ing. Dr.-Ing. E. h. Hermann Schenck,
Dr.-Ing. Werner Wenzel, Dr.-Ing. Günter Lindelar,
Prof. Dr.-Ing. Rudolf Spolders und
Dr.-Ing. Hilmar Weidenmüller, Institut für Eisenhüttenwesen der Rhein.-Westf. Technischen Hochschule Aachen
Der Einfluß des Schwefels und der Kohlenoxydspaltung auf den Hochofenprozeß
1962. 222 Seiten, 99 Abb., 51 Tabellen. DM 49,50

HEFT 1083
Prof. Dr.-Ing. Franz Bollenrath und
Ahmed Ali Salem El-Sabbagh, Institut für Werkstoffkunde der Rhein.-Westf. Technischen Hochschule Aachen
Untersuchungen über die Warmfestigkeit von Hartlötverbindungen
1963. 80 Seiten, 88 Abb., 7 Tabellen. DM 59,40

HEFT 1092
Prof. Dr.-Ing. habil. Anton Königer † und
Dr.-Ing. Manfred Odendahl, Institut für Gießereikunde der Technischen Universität Berlin
Der Einfluß von Oxyden auf die Viskosität von reinen Eisen-Kohlenstoff-Silizium-Legierungen
1962. 23 Seiten, 9 Abb. DM 10,40

HEFT 1093
Dr.-Ing. Wolf Dieter Röpke und
Dr.-Ing. Abbas Sabé, Institut für Gießereikunde der Technischen Universität Berlin
Das Fließvermögen und die Warmrißneigung von Stahl mit besonderer Berücksichtigung des Einflusses von hohen Molybdängehalten
1962. 37 Seiten, 21 Abb., 4 Tabellen. DM 17,—

HEFT 1094
Prof. Dr.-Ing. habil. Anton Königer † und
Prof. Dr. phil. Emanuel Pfeil, Institut für Gießereikunde der Technischen Universität Berlin
Versuche zur Entwicklung von Korrosions-Prüfmethoden
1962. 23 Seiten, 7 Abb., 3 Tabellen. DM 10,80

HEFT 1113
Dr. rer. nat. Wolfgang Pitsch, Max-Planck-Institut für Eisenforschung, Düsseldorf
Die kristallographischen Eigenschaften der Nitridausscheidungen im α-Eisen
1962. 21 Seiten, 8 Abb., 3 Tabellen. DM 11,—

HEFT 1114
Dipl.-Chem. Dr. phil. Siegfried Eckhard und
Dipl.-Phys. Walter Baum, Max-Planck-Institut für Eisenforschung, Düsseldorf
Über ein physikalisches Verfahren zur Bestimmung des Wasserstoffs im ternären Gemisch mit Stickstoff und Kohlenmonoxyd
1962. 63 Seiten, 31 Abb. DM 39,80

HEFT 1122
Prof. Dr.-Ing. Dr.-Ing. E. h. Hermann Schenck,
Dozent Dr.-Ing. Werner Wenzel und
Dr.-Ing. Günther Dietrich, Institut für Eisenhüttenwesen der Rhein.-Westf. Technischen Hochschule Aachen
Reaktionskinetische Betrachtung des Sintervorganges und Möglichkeiten zur Leistungssteigerung. Entwicklung eines Schachtsinterverfahrens
1962. 93 Seiten, 24 Abb., 5 Tabellen. DM 44,50

HEFT 1158
Dr.-Ing. habil. Alfred Krisch, Max-Planck-Institut für Eisenforschung, Düsseldorf
Über die Extrapolation von Zeitstandversuchen
1963. 31 Seiten, 13 Abb., 2 Tabellen. DM 17,50

HEFT 1190
Prof. Dr.-Ing. Max Vater und Dipl.-Ing. Otto Schulte, Institut für Bildsame Formgebung der Rhein.-Westf. Technischen Hochschule Aachen
Die Formänderungsfestigkeit von Metallen
In Vorbereitung

HEFT 1191
Prof. Dr.-Ing. habil. Anton Königer †,
Dr.-Ing. Manfred Odendahl und Eberhard Pahl, Institut für Gießereikunde der Technischen Universität Berlin
Über die Bildsamkeit von tongebundenen Formsanden
1963. 33 Seiten, 21 Abb., 4 Tabellen. DM 18,—

HEFT 1192
Prof. Dr.-Ing. habil. Anton Königer † und Dr.-Ing. Peter R. Sahm, Institut für Gießereikunde der Technischen Universität Berlin
Das Fließvermögen reiner und sauerstoffhaltiger Kupferschmelzen
1963. 47 Seiten, 38 Abb. 3 Tabellen. DM 31,80

HEFT 1193
Prof. Dr.-Ing. Helmut Winterhager und Dr.-Ing. Reinhard K. Buchner, Institut für Metallhüttenwesen und Elektrometallurgie der Rhein.-Westf. Technischen Hochschule Aachen
Beitrag zum experimentellen Problem der Messung schneller Elektrodenvorgänge
1963. 40 Seiten, 14 Abb. DM 17,—

HEFT 1194
Dr. rer. nat. Werner Jellinghaus, Max-Planck-Institut für Eisenforschung, Düsseldorf
Beiträge zur Konstitution metallischer Stoffe durch Suszeptibilitätsmessungen
1963. 25 Seiten, 8 Abb., 3 Tabellen. DM 14,—

HEFT 1253
Dipl.-Ing. Alfred Puck, Dipl.-Ing. Horst Wurtinger, Deutsches Kunststoffinstitut, Darmstadt
Werkstoffgemäße Dimensionierungs-Größen für den Entwurf von Bauteilen aus kunstharzgebundenen Glasfasern
Teil I und II
1963. 149 Seiten, 73 Abb., 8 Tabellen. DM 76,—

HEFT 1305
Dr. phil. Hermann Möller und Dipl.-Phys. Helmut Weeber, Max-Planck-Institut für Eisenforschung, Düsseldorf
Die Bildgüte bei der Durchstrahlung von Werkstoffen mit Röntgen- oder Gammastrahlen von 0,1 bis 31 MeV
1963. 69 Seiten, 40 Abb., 2 Tabellen. DM 32,90

HEFT 1344
Prof. Dr.-Ing. Dr.-Ing. E. h. Hermann Schenck, Dozent Dr.-Ing. Werner Wenzel, Dr.-Ing. Hans D. Kluger, Institut für Eisenhüttenwesen der Rhein.-Westf. Technischen Hochschule Aachen
Über das Reduktionsverhalten eisenoxydhaltiger Schlacken
1964. 91 Seiten, 60 Abb., 6 Tabellen im Anhang. DM 44,—

HEFT 1355
Dr.-Ing. habil. Alfred Krisch, Max-Planck-Institut für Eisenforschung, Düsseldorf
Kriechverhalten, Gefügeänderung und Risse bei mehrjährigen Zeitstandversuchen
1964. 27 Seiten, 17 Abb., 6 Tabellen. DM 14,80

HEFT 1379
Dr. phil. nat. Max Hempel, Max-Planck-Institut für Eisenforschung, Düsseldorf
Dauerschwingfestigkeit bei 20 und 500° C von Stählen mit niedrigem Kohlenstoffgehalt und verschiedenen Titan-Zusätzen
1964. 58 Seiten, 27 Abb., 12 Tabellen. DM 34,—

HEFT 1384
Dr. rer. nat. Hans-Jürgen Engell, Dr. rer. nat. Anton Bäumel und Dr. rer. nat. Konrad Bohnenkamp, Max-Planck-Institut für Eisenforschung, Düsseldorf
Die Spannungsrißkorrosion von Weicheisen in Kalzium-Nitratlösungen
1964. 46 Seiten, 27 Abb., 2 Tabellen. DM 25,50

HEFT 1385
Prof. Dr.-Ing. Helmut Winterhager und Dr.-Ing. Roland Kammel, Institut für Metallhüttenwesen und Elektrometallurgie der Rhein.-Westf. Technischen Hochschule Aachen
Über die elektrochemischen Grundlagen der Zinkchlorid–Schmelzflußelektrolyse
1964. 52 Seiten, 22 Abb., 24 Tabellen. DM 25,50

HEFT 1387
Dipl.-Chem. Wolfgang Werner, im Auftrage der Deutschen Industrie-Werke Aktiengesellschaft, Berlin-Spandau
Verbesserung der Eigenschaften von Sinterteilen durch Nachbehandlung (Oberflächenveredelung, Korrosionsschutz)
1964. 44 Seiten, 21 Abb., 16 Tabellen. DM 23,80

HEFT 1391
Dipl.-Phys. Dr. rer. nat. Ernst Wachtel und Dipl.-Phys. Erich Übelacker, Max-Planck-Institut für Metallforschung, Stuttgart, im Auftrage des Vereins Deutscher Gießereifachleute, Düsseldorf
Messung der Dichte und der magnetischen Suszeptibilität von Zinn–Zink-Legierungen
1964. 42 Seiten, 23 Abb., 4 Tabellen. DM 23,50

HEFT 1398
Prof. Dr.-Ing. Eberhard Schürmann und Dr.-Ing. Horst-Carsten Groth, Institut für Gießereiwesen der Bergakademie Clausthal, im Auftrage des Vereins Deutscher Gießereifachleute, Düsseldorf
Schmelzgleichgewichte im System Eisen–Schwefel–Kohlenstoff–Phosphor und Silizium bei 1400° C
1964. 31 Seiten, 6 Abb., 6 Tabellen. DM 15,50

HEFT 1403
Dr. phil. nat. Gerhard Zapf, Dipl.-Ing. Ulrich Völker und Ing. Rudolf Reinstadtler, im Auftrage der Forschungsgemeinschaft Pulvermetallurgie, Schwelm
Entwicklung von Fertigungsmethoden zur Erzeugung hochfester Sinterteile, Teil I und II
In Vorbereitung

HEFT 1414
Prof. Dr. phil. Walter Koch, Dipl.-Phys. Helga Kolbe-Rohde und Dr. rer. nat. Jürgen Dittmann, Max-Planck-Institut für Eisenhüttenwesen der Rhein.-Westf. Technischen Hochschule Aachen
Untersuchungen zur Kinetik der Karbidbildung in Chromstählen
1964. 21 Seiten, 6 Abb., 4 Tabellen. DM 12,—

HEFT 1415
Prof. Dr.-Ing. Dr.-Ing. E. h. Hermann Schenck, Dozent Dr.-Ing. Werner Wenzel und Dr.-Ing. Trimbak Herwadkar, Institut für Eisenhüttenwesen der Rhein.-Westf. Technischen Hochschule Aachen
Stückigmachung von Feinerz auf dem Wanderrost in Gemischen mit Feinkohle
1964. 100 Seiten, 34 Abb., 21 Tabellen. DM 43,80

HEFT 1416
Prof. Dr.-Ing. Dr. h. c. Herwart Opitz und Dipl.-Ing. H. H. Bech, Laboratorium für Werkzeugmaschinen und Betriebslehre der Rhein.-Westf. Technischen Hochschule Aachen, im Auftrage des Vereins Deutscher Gießereifachleute, Düsseldorf
Bearbeitung von Leichtmetallen
1964. 39 Seiten, 22 Abb., 5 Tabellen. DM 26,50

HEFT 1419
Prof. Dr. phil. Adolf Rose, Dr.-Ing. Hans Paul Hougardy und Dr.-Ing. Albert Klein, Max-Planck-Institut für Eisenforschung, Düsseldorf
Der Einfluß der Unterkühlung auf die Kristallisationsformen von voreutektoidisch ausgeschiedenen Phasen und von eutektoidischen Phasengemengen
1964. 83 Seiten, 51 Abb., 4 Tabellen. DM 47,50

HEFT 1420
Prof. Dr. phil. Erich Scheil † und Dr. rer. nat. Hans Leo Lukas, im Auftrage des Vereins Deutscher Gießereifachleute, Düsseldorf
Messung des Dampfdruckes von magnesiumhaltigen Gußeisenschmelzen
1964. 19 Seiten, 8 Abb. DM 12,—

HEFT 1428
Prof. Dr.-Ing. Max Vater, Dipl.-Ing. Gerhard Nebe und Dipl.-Ing. Ansgar Schütze, Institut für Bildsame Formgebung der Rhein.-Westf. Technischen Hochschule Aachen
Mechanische Entzunderung von Blechen und Bändern

HEFT 1447
Dr. phil. Wolfgang Wepner, Max Planck-Institut für Eisenforschung, Düsseldorf
Restwiderstandsmessungen an reinem Eisen
1964. 23 Seiten, 5 Abb., 2 Tabellen. DM 12,50

HEFT 1448
Dr. rer. nat. Ralf Damm und Dr. rer. nat. Ernst Wachtel, Max-Planck-Institut für Metallforschung, Stuttgart, im Auftrage des Vereins Deutscher Gießereifachleute, Düsseldorf
Magnetische Messungen und kinetische Versuche an flüssigen Wismut-Mangan-Legierungen
In Vorbereitung

HEFT 1474
Prof. Dr.-Ing. Max Vater, Dipl.-Ing. Gerhard Nebe und Dipl.-Ing. Ansgar Schütze, Institut für Bildsame Formgebung der Rhein.-Westf. Technischen Hochschule Aachen
Beitrag zur mechanischen Entzunderung von Draht
In Vorbereitung

HEFT 1482
Prof. Dr. Th. Heumann und R. Schürmann, Institut für Metallforschung der Universität Münster
Über die Beeinflussung der Passivierbarkeit aktiver Metalle durch Zulegieren von Chrom und Nickel
In Vorbereitung

HEFT 1487
Dr.-Ing. Werner Schwenzfeier und Dr.-Ing. Oskar Pawelski, Max-Planck-Institut für Eisenforschung, Düsseldorf
Glühversuche an Stahldrähten in verschiedenen Ofenatmosphären
In Vorbereitung

HEFT 1491
Prof. Dr.-Ing. Wilhelm Patterson, Prof. Dr.-Ing. Herwart Opitz und Dr.-Ing. Peter Copetti, Gießerei-Institut der Rhein.-Westf. Technischen Hochschule Aachen und Laboratorium für Werkzeugmaschinen und Betriebslehre der Rhein.-Westf. Technischen Hochschule Aachen
Zerspanbarkeit von Grauguß
In Vorbereitung

HEFT 1492
Dr. phil. nat. Max Hempel und Dr. rer. nat. Emil Hillnhagen, Max-Planck-Institut für Eisenforschung, Düsseldorf
Einfluß der Erschmelzungsart auf die Dauerschwingfestigkeit ungekerbter und gekerbter Proben eines Wälzlagerstahles
In Vorbereitung

HEFT 1495
Prof. Dr.-Ing. Wilhelm Patterson, Dr.-Ing. Helmut Brand und Dipl.-Ing. H. Traßl, Gießerei-Institut der Rhein.-Westf. Technischen Hochschule Aachen
Das Viskositätsverhalten flüssiger Bleilegierungen im Konzentrationsbereich der festen Löslichkeit
In Vorbereitung

HEFT 1496
Prof. Dr. phil. Karl Löhberg und Dipl.-Ing. Günther Kühl, Institut für Gießereikunde der Technischen Universität Berlin, im Auftrage des Vereins Deutscher Gießereifachleute, Düsseldorf
Einfluß von Magnesium und Cer auf die Viskosität behandelter Gußeisenschmelzen sowie Abbrand des Magnesiums und Änderung des Sauerstoffgehaltes in Abhängigkeit von der Abstehzeit
In Vorbereitung

HEFT 1502

Prof. Dr.-Ing. Wilhelm Patterson, Dr.-Ing. Walter Koppe und Dr.-Ing. Siegfried Engler, Gießerei-Institut der Rhein.-Westf. Technischen Hochschule Aachen

Untersuchungen zur Erstarrung und Speisung von Gußeisen

In Vorbereitung

HEFT 1503

Prof. Dr.-Ing. Max Vater Dipl.-Ing. Gerhard Nebe und Dipl.-Ing. Ansgar Schütze, Institut für Bildsame Formgebung, Aachen

Beitrag zur Prüfung metallischer Strahlmittel

In Vorbereitung

Verzeichnisse der Forschungsberichte aus folgenden Gebieten können beim Verlag angefordert werden: Acetylen/Schweißtechnik – Arbeitswissenschaft – Bau/Steine/Erden – Bergbau – Biologie – Chemie – Eisenverarbeitende Industrie – Elektrotechnik/Optik – Energiewirtschaft – Fahrzeugbau/Gasmotoren – Farbe/Papier/Photographie – Fertigung – Funktechnik/Astronomie – Gaswirtschaft – Holzbearbeitung – Hüttenwesen/Werkstoffkunde – Kunststoffe – Luftfahrt/Flugwissenschaften – Luftreinhaltung – Maschinenbau – Mathematik – Medizin/Pharmakologie/NE-Metalle – Physik – Rationalisierung – Schall/Ultraschall – Schiffahrt – Textiltechnik/Faserforschung/Wäschereiforschung – Turbinen – Verkehr – Wirtschaftswissenschaft.

WESTDEUTSCHER VERLAG · KÖLN UND OPLADEN

567 Opladen/Rhld., Ophovener Straße 1–3

GPSR Compliance

The European Union's (EU) General Product Safety Regulation (GPSR) is a set of rules that requires consumer products to be safe and our obligations to ensure this.

If you have any concerns about our products, you can contact us on ProductSafety@springernature.com

In case Publisher is established outside the EU, the EU authorized representative is:

Springer Nature Customer Service Center GmbH
Europaplatz 3
69115 Heidelberg, Germany

Batch number: 10584556

Printed by Printforce, the Netherlands